패밀리 트래블

FAMILY TRAVEL

GO

국내로 떠나는 가족여행 프로젝트 100

패밀리트래블

FAMILY TRAVEL

이동환 지음

영진미디어

chapter 2

호기심 많은 막내를 위한
탐방과 교육 여행

chapter 3

장난꾸러기 첫째를 위한
놀이와 체험 여행

가족의 숨 쉴 공간, 여행

2012년 여행을 떠나는 날 새벽 4시.

서둘러서 나갈 준비를 하며 4살짜리 둘째 아이를 깨웠는데, 단 한 번의 투정 없이 벌떡 일어나 화장실로 가서 씻겨달라고 아빠를 기다린다.

2009년 1월.

이 둘째가 태어났을 때부터 나의 국내 여행은 본격적으로 시작됐다.

아이러니하게도 그 시작의 동기는 주말에 아이들을 돌보는 것이 힘들어서였다. 평일에는 회사 일을 하면서 일과 사람에게 치이고 주말에는 집에서 애들만 돌봐야 하는 삶이 정말 답답하게 느껴졌고 그렇게 사는 것이 자식을 낳은 부모의 의무인 것인지를 생각해봤지만 아무리 생각해도 이 문제는 풀리지 않는 것이었다. 그런 상태에서 머리를 맑게 하기 위해 여행을 다니기 시작했다.

처음에는 DSLR 사진기 하나만 들고 출사를 감행했는데 그때부터 블로그에 여행 기록을 남겼고, 꾸준히 여행을 다니다 보니 자연스럽게 '재빈짱의 초보사진사'라는 여행 파워블로거라는 명함을 얻게 되었다. 홀로 시작했던 여행에서 점차 가족들과 함께 떠나는 여행을 다니게 되었고, 이제는 나보다 아이들이 여행에 대한 기대감이 더 커졌다.

가족여행을 가는 것은 결코 쉬운 일이 아니다. 여행을 다니기 시작한 초반에는 둘 중에 한 아이만 데리고 떠날 때가 많이 있었는데, 주변 사람들이 아이를 데리고 다니면 힘들지 않느냐고 물어보곤 한다. 물론 혼자 다닐 때보다 힘든 것은 사실이다. 하지만 집에서는 징징대고 떼를 쓰는 아이가 여행을 가면 절대 떼쓰지 않고 아빠를 잘 따라 다닌다. 여행을 다니면서 집에서만 부리던 투정도 차츰 사라지게 되었고, 나 역시 더 이상 아이와 함께 가는 여행이 힘들지 않고 오히려 말동무가 되어주는 여행의 동반자로서의 파트너가 되었다

여행을 통해 우리 아이가 달라졌듯이, 나 역시도 여행을 통해 그 누구에게도 말하지 못했던 고민들을 가족과 대화를 나누면서 자연스레 해결하게 되고, 서로에 대한 애정 또한 깊어지게 된 것이다. 이것이 진정한 여행의 효과라고 본다. 그리고 아이와 함께 가는 여행은 '최고의 교육'이다. 아무리 돈을 많이 들여서 사교육을 시켜도 여행을 통해서 알게 된 자연의 섭리와 지식은 돈으로는 살 수가 없기 때문이다. 어릴 때부터 여행을 많이 다닌 아이는 친인간적이고 친자연적인 사고가 자연스럽게 자리잡혀있기 때문에 커서도 생각하는 것이 다를 수밖에 없다. 가족여행을 수년간 다니면서 느낀 것은, 아내와 아이들에게 내가 해줄 수 있는 최고의 선물인 '추억'을 선사한 것이다.

우리 가족이 시작한 여행의 처음이 있듯이 언젠가 끝나는 여행일 수도 있지만, 현재 진행형인 우리 가족여행의 이야기를 이 책에 담아본다. 앞으로도 우리 가족의 여행은 계속 될 것이며, 가족이 함께 체험하고 느낀 공감의 추억은 자꾸만 더 쌓여갈 것이다. 여러분도 가족여행을 통해 좋은 추억을 만들어 가길 원하는 마음에서 이 책을 지었다.

개구쟁이 두 아들을 키운다고 수고하는 아내에게 사랑한다고, 또 당신은 언제나 나에게 가장 중요한 사람이라고 말하고 싶다.

― 2014년 3월, 이동환

chapter

1

일상에 지친 아내를 위한 휴식과 위로 여행

매화 속에 파묻혀 봄 향기에 흠뻑 취하는

광양 매화마을

촬영팁 — 넓은 면적을 찍어야 하는 만큼 광각렌즈를 마운트하고 촬영하는 것이 좋다. 전체적인 풍경을 촬영할 것인지, 매화가 꽃을 터트리는 디테일한 컷을 담을 것인지 목적을 분명히 할 필요가 있다. 꽃의 활동적인 모습을 담기 위해서는 접사렌즈나 단렌즈가 필요하고 전체적인 풍경을 담기 위해서는 표준렌즈나 광각렌즈가 좋다.

주소	문의	홈페이지	주변관광지
전남 광양시 다압면 도사리 414번지	061-772-4066	www.maesil.co.kr	하동상계사벚꽃길 구례 산수유 마을

　　광양 청매실 농원은 매년 3월 중순부터 4월 초까지 엄청나게 많은 사람들이 찾는, 유명한 매실 밭입니다. 수많은 여행사들도 다양한 패키지 상품을 만들어서 팔 정도로 인기가 높은 광양의 청매실 농원은 우리나라 매화 밭 중에서도 단위면적이 가장 넓은 곳입니다. 이곳이 이토록 많은 사랑을 받는 이유는, 근처에 구례 산수유 마을과 하동 쌍계사 벚꽃길이 있기 때문이기도 합니다. 광양에 오면 매실여행에서 봄 꽃 여행으로 자연스럽게 건너갈 수 있어 한 번에 다양한 곳의 경치를 즐길 수 있는 장점이 있습니다.

　　청매실 농원은 아이들과 산책하기에 아주 좋은 곳입니다. 가족 단위의 여행객이 많은 이유는, 따스한 봄 햇살을 받으며 가파르지 않은 언덕을 오르며 만개한 매화향기에 취할 수 있는 곳이기 때문입니다. 산 중턱에서 좀 더 위로 올라가면 나무로 만들어진 전망대가 보이는데 이곳에

서면 섬진강변이 내려다 보이는 아주 광활한 풍경을 볼 수 있습니다. 이곳을 그냥 지나치지 말고 꼭 정자 안으로 들어가보기 바랍니다.

매화는 꽃이지만 매실 열매를 맺습니다. 그래서 이곳의 이름이 청매실 농원인데 꽃이 지고 나면 수확되는 많은 매실들을 숙성시키기 위한 장독들이 많이 보입니다. 이 장독들은 봄이 지나고 열매를 수확하여 판매하기도 합니다. 국내에서 가장 넓은 매실 밭에서 자라서 그런지 매실 맛이 참 좋습니다. 축제기간에는 아이들과 함께 그림 그리기 대회나 각종 행사에 참여할 수도 있습니다. 자연을 그림에 담으면서 겨울 동안 얼어있던 부모와 아이들의 감성을 따뜻하게 녹여줄 수 있는 여행지입니다.

아이들과 함께 매화꽃이 흩날리는 산책길을 걷고 있노라면 일상의 고단함이 어느 사이 사라져 버린 것 같은 편안함이 느껴집니다. 영화 속 주인공이 된 것 같은 감상적인 기분이 슬며시 느껴지기도 하고요. 자연 속에서 봄의 기운을 마음껏 느끼고 싶다면 이곳 광양 청매실 농원을 추천해 드립니다.

매화밭, 돗자리에 누워 하늘 바라보기

양산 원동 순매원

촬영팁 — 기찻길 곡선과 매화를 함께 담으려고 망원렌즈를 들고 찾아오는 이들이 많지만 매화의 전형적인 모습과 가족의 모습을 포착하기엔 표준렌즈 하나면 충분하다. (크롭바디에서는 17-55mm, 풀바디에서는 24-70mm)

주소
경남 양산시 원동면 원동로 1421

문의
055-383-3644

주변관광지
가지산 배내골
원동 자연 휴양림

광양 매화마을에 다녀왔다면 이번에는 경남의 대표적인 매화밭에 가볼까요? 경남 양산에 위치한 원동 순매원에서는 기찻길과 그 옆으로 난 흐트러진 매화밭을 볼 수 있습니다. 드넓은 광양 청매실 농원과 겨루어도 손색이 없는 아기자기한 풍경이 한 폭의 그림같이 아름다운 곳입니다. 원동 순매원은 광양 청매실 농원과는 다른 특색이 있습니다. 청매실 농원이 전라남도의 대표적인 매화밭이고 섬진강변을 함께 담을 수 있는 점이 있다면 양산 원동 순매원은 낙동강변을 함께 카메라에 담으면서 덤으로 기찻길의 곡선도 함께 담을 수 있어서 그 광경을 보기 위해 많은 여행객들이 찾고 있습니다. 3월 중순이 되면 이미 매화가 피기 시작하고 사진을 찍을 수 있는 나무 합판에는 삼각대들이 줄지어 서서 기찻길과 매화꽃을 함께 담아내기 위한 사람들로 인산인해를 이룹니다.

　　매년 봄이면 양산 매화축제도 열리는 이곳은 좋은 경치를 보고 촬영할 수 있는 장점도 있지만, 더 좋은 것은 돗자리 하나만 있으면 가족들과 함께 앉거나 누워 쉴 수 있는 피크닉 장소라는 것입니다. 그래서 이곳으로 여행을 떠나기 전에는 큰 돗자리 하나와 어른들이 마실 커피, 아이들이 마실 주스, 그리고 간단하게 끼니를 때울 샌드위치, 김밥을 챙기면 좋습니다. 어른들은 책을 읽고 아이들은 그림을 그리기도 하고, 귀찮다면 편안하게 누워 파란 하늘을 보다 잠이 들어도 좋습니다. 로맨틱한 영화에 나오는 멋진 피크닉 장소가 부럽지 않은 곳입니다. 아이들은 마음껏 뛰어 놀 수 있고 꽃잎이 휘날리는 풍경을 맞이할 수 있는데, 집에서 준비해 오지 못했다면 순매원에서 준비한 막걸리와 어묵, 김밥 등을 사서 먹으면 됩니다.

　　가끔 들려오는 기차의 경적 소리와 사람들의 웃음소리, 추억을 담으려는 셔터소리도 들립니다. 많은 아마추어 동호인들이 매화밭에서 잔잔한 음악을 들려주는 모습도 이곳을 찾는 이유 중의 하나입니다. 최근에는 순매원 근처의 낙동강변에 위치한 딸기체험을 할 수 있는 하우스가 생겼습니다. 아이들과 직접 딸기도 따먹는 추억도 함께 남기기 바랍니다.

1. 일상에 지친 아내를 위한 휴식과 위로 여행

봄에 눈이 온다! 기찻길 위에서 맞는 벚꽃눈

진해 경화역과 로망스 다리

촬영팁 — 경화역은 벚꽃이 떨어질 때가 가장 아름다운 곳이다. 이때 기차가 들어오는 장면을 사진으로 남기면 최고의 추억 사진이 된다. 많은 인파 속에서도 가족과 아이들에게 더 집중한다면 자연스러운 사진을 남길 수 있을 것이다.

주소

경화역

경남 창원시 진해구경화동 1200

로망스다리

경남 창원시 진해구여좌동

주변관광지

진해 군항제

탑산공원

진해는 우리나라 벚꽃의 가장 유서 깊은 도시 중 한 곳입니다. 매년 4월 초가 되면 진해 벚꽃축제가 진해구 일대에서 열리는데 주말이면 교통대란이 일어날 정도로 많은 사람들이 몰리기도 합니다. 대표적인 벚꽃 장소는 많이 있겠지만 진해에서 가장 좋은 두 곳을 추천한다면 경화역과 로망스 다리입니다. 경화역은 말 그대로 기차역인데 벚꽃이 막 피어났을 때보다 벚꽃이 떨어질 때쯤이 가장 보기에 좋습니다. '뿌우'하는 경적

소리를 울리면서 들어오는 기차와 하늘 허공으로 흩날리는 벚꽃을 볼 때면 저절로 탄성이 나온답니다. 아이들은 "봄에 눈이 온다!"라고 소리치면서 흰 꽃눈을 맞으며 즐거워합니다.

벚꽃길 옆의 로망스 다리는 최근 3년 전에 드라마 촬영 장소에 나온 뒤부터 진해의 랜드마크로 자리잡게 되었습니다. 냇가의 양 옆으로 벚꽃 나무가 길게 늘어서 있고, 냇가 중간중간에 있는 다리 위에 서서 하늘을 보면, 벚꽃나라에 온 듯한 기분을 느낄 수 있습니다. 그만큼 주변 경치와 벚꽃의 조화가 유독 아름다운 곳입니다. 특히 이곳은 해가 떠있을 시간뿐 아니라 밤에도 아름다움을 느낄 수 있는데요, 이곳의 진풍경은 야경이라고 말할 수 있을 만큼 아름다운 기억이 있습니다. 오후 시간에 이곳을 찾아 기차를 타고 벚꽃을 충분히 구경한 후에 달 빛 아래에서 다시 이

곳을 거닐어 보세요. 그간 말하지 않았던 가족간에 사랑의 이야기가 저절로 나올 것입니다.

　진해 벚꽃 축제를 제대로 즐기려면 딱 한 가지만 유념하면 됩니다. 만일 사람이 많은 주말에 이곳을 찾았다면 꽃 구경하는 시간보다 운전대를 잡고 있는 시간이 더 많아질 수도 있습니다. 차를 먼저 주차하고 자전거를 대여해서 진해 곳곳을 여행하는 것을 추천해 드립니다. 진해는 다른 지역처럼 넓은 지역이 아니기 때문에 자전거를 타고 여기저기에서 벚꽃을 구경할 수 있습니다.

　경화역의 아름다움이 점차 많은 사람들에게 알려지면서 벚꽃이 만개할 시기의 주말이면 이곳은 정말 많은 사람들이 몰려들기 때문에 주말이 아닌 평일에 하루 정도 휴가를 내서 여행하기를 권해드립니다.

봄을 알리는 3월의 이른 꽃 여행

양산 통도사

촬영팁 — 렌즈는 밝은 조리개를 가진 표준 줌 렌즈가 적당하며 홍매화의 접사를 담고 싶다면 망원렌즈나 접사렌즈로 찍으셔도 좋은 사진을 담을 수 있다.

주소	문의	입장료	주변관광지
경상남도 양산시	055-382-7182	성인 3,000원	통도 환타지아
하북면 통도사로 108	www.tongdosa.or.kr	청소년 1,500원	통도 아쿠아
		어린이 1,000원	신불산 엑세평원

세상의 모든 가족들에게 '자연과 함께 보내는 휴식'만큼 위로가 되는 것은 없을 것입니다. 그래서 온 가족이 함께 떠난 봄 꽃 여행, 겨우내 움츠러들었던 마음이 봄의 첫 꽃을 보고 싶은 설렘과 기대감으로 활짝 펴집니다. 그 간절함이 전달되었는지 봄의 기운이 느껴질 때쯤 양산 통도사에는 연한 핑크 빛의 홍매화가 나뭇가지를 뒤덮습니다. 추운 겨울 동안 야외 활동을 하지 못했던 아이들에게 첫 봄나들이는 움츠린 어깨를 펼 수 있는 최고의 여행지가 되겠지요.

봄에 가장 먼저 꽃망울을 터트리는 양산 통도사의 홍매화는 많은 여행객들의 발걸음을 찾게 만듭니다. 하루가 멀다 하고 인터넷을 통해 홍매화의 개화시기를 실시간으로 검색하며 여행하려는 통도사는 전국적으로 아주 유명한 곳이 되었습니다. 이곳은 홍매화를 홍일점으로 둔 곳으로도 유명하지만 실제로는 울창한 소나무 숲으로 이루어진 우리나라의 3대 사찰 중 하나로 더 잘 알려져 있습니다.

통도사는 차를 타고 입구를 지나 주차장까지 올라올 수 있지만 입구에서부터는 걸어 올라오는 것을 추천해 드립니다. 입구에서부터 걷다 보면 주차장을 지나 제일 먼저 구름다리를 만나는데, 여기부터 통도사의 본격적인 여행이 시작됩니다. 다리를 건너면 작지만 매화가 군데군데 피어있고 더 안쪽으로 들어가면 많은 홍매화가 있습니다. 봄에 피어나는 첫 홍매화는 산뜻한 새로움을 전해줍니다.

오른쪽으로 처음 등장하는 건물이 바로 성보박물관입니다. 통도사에서 오래 전부터 발굴된 유물의 수집, 보존, 연구의 기능을 담당하는 체계적인 박물관으로 한 번쯤 들러보면 좋습니다. 통도사는 모든 이에게 봄이 왔음을 알리고, 특히 아이들에게는 자연과 체험학습을 할 수 있게 해주는 여행지라고 할 수 있습니다.

봄 꽃은 시와 같아서 짧게 피고 지지만, 아름다움이 남긴 여운은 길고 길어 일상의 지침을 위로해 주는 것 같습니다. 여러분의 가족도 봄의 기운에 한껏 피어 오른 꽃의 절경을 누리기 바랍니다.

1. 일상에 지친 아내를 위한 휴식과 위로 여행

노란 개나리와 유채꽃 그리고 벚꽃을 함께 볼 수 있는

경주 반월성

촬영팁 — 사람과 벚꽃을 촬영할 때는 꽃 위주 보다는 인물중심으로 담는 것이 좋다. 그러기 위해서는 인물의 눈에 촛점을 항상 맞추도록 한다. 또한 이곳에서는 벚꽃과 개나리를 함께 담는 넓은 화각으로 사진을 담을 수 있는 것이 특징이다.

주소	문의	홈페이지	주변관광지
경상북도 경주시 인왕동 387-1	054-779-8743	guide.gyeongju.go.kr	경주 석빙고 성덕대왕신종 신라문화체험장

1. 일상에 지친 아내를 위한 휴식과 위로 여행

봄에 피는 꽃 중에서 가장 화려하고 인기 있는 꽃은 아마 벚꽃일 것입니다. 서울에서는 여의도의 벚꽃이 유명하지만, 경주에는 벚꽃이 찬란하고 아름다운 반월성이 있습니다. 경주는 우리나라의 대표적인 벚꽃 군락지 중에서 둘째가라면 서러워할 정도로 많은 이들이 찾는 곳인지요. 그 중에서도 반월성 앞의 벚꽃은 전국에서도 손꼽히는 벚꽃의 최고봉이라 할 수 있습니다.

봄이 되어 벚꽃이 만개할 때 반월성 앞에 일렬로 서있는 벚꽃나무 아래에 있으면 영화 '봄날은 간다'의 벚꽃 길이 자연스럽게 떠오릅니다. 또 벚꽃나무 앞으로 개나리와 유채꽃 밭이 있어서 흰 꽃과 형형색색의 꽃이 화사하면서도 여백을 느끼게 하는 아름다운 풍경을 연출해줍니다. 아이들과 함께 손을 잡고 나무 아래에 가만히 서서 꽃 향기를 맡기도, 또 걷기도 하면서 이날의 이 시간을 추억으로 남겨봅니다.

하지만 경주 반월성 앞의 꽃들만 감상하고 집으로 돌아간다면 반월성의 반만 보고 가는 겁니다. 바로 앞에 있는 첨성대를 구경하고 난 후에 석빙고 가는 길로 조금만 올라가면 또 한번의 벚꽃 숲이 나오는데요, 풀잎이 자라있는 바닥과 울창한 벚꽃들이 함께 어우러져서 다른 곳에서는 절대 볼 수 없는 벚꽃 숲이 장관을 이루고 있습니다. 이곳을 갈 때는 돗자리 하나만 가지고 ,도 휴식을 즐기기에 정말 더할 나위 없이 좋은 곳입니다. 벚꽃 나무들이 햇빛을 가리어 눈이 부신 봄 햇살을 피할 수 있고, 바닥에 잎들이 적당히 깔려 있어 아이들이 뛰어 놀다가 넘어져도 다칠 위험이 없습니다. 개인적으로는 이 벚꽃 숲을 꼭 소개 해 드리고 싶은데요. 벚꽃이 흩날릴 때 경주 반월성에 가면 이곳을 꼭 찾기 바랍니다. 벚꽃 여행으로 강력하게 추천해 드리는 여행지입니다.

5월에 즐기는 봄꽃 대향연

울산 태화강대공원

촬영팁 — 태화강대공원에는 빨간 계열의 꽃이 많이 있기 때문에 그와 대비되는 색상의 옷을 선택하는 것이 좋다. 인물 사진에는 단렌즈가 적당하며 가만히 서 있기보다 역동적인 모습을 사진으로 담는것이 좋다. 그늘이 없기 때문에 양산이 나 모자를 꼭 챙겨야한다.

주소	문의	홈페이지	주변관광지
울산시 중구 내오산로 67	052-229-2000	taehwagang.ulsan.go.kr	반구대 암각화
			천전리각석
			자수정동굴

1. 일상에 지친 아내를 위한 휴식과 위로 여행

　　꽃이 피는 시기는 종류마다 다르지요. 개나리와 매화처럼 이른 봄에 피기도 하고 여름으로 접어들 무렵에 피는 꽃도 있습니다. 이렇게 각기 다른 시기에 피는 꽃들을 한 자리에서 보는 것은 사실상 불가능하다고 할 수 있습니다. 그러나 중부지방에 비해 따뜻한 울산시에서는 5월이면 봄꽃 대향연의 축제를 엽니다.

　　울산시 태화강에서는 5월 중, 근 보름간 봄꽃 축제를 여는데, 다문화 가정을 위한 행사도 마련되어 있고 아이들이 놀이기구를 타고 놀 수 있는 공간도 있습니다. 또한 울산의 랜드마크인 십리대밭과 이어져 있어서 시원시원하게 뻗은 대나무 숲을 걸을 수 있습니다. 드라마에서 본듯한 길다란 대나무길이 어디일까 궁금했다면 이곳을 찾으면 됩니다.

　　이곳 축제의 꽃들은 양귀비, 작약, 수레국화 등과 같이 우리가 흔히 볼 수 없었던 꽃인데 꽃밭이 어찌나 넓은지 정말 많은 인원이 들어와도 사진을 찍거나 산책을 하는데도 전혀 불편함이 없었습니다.

　　보통 울산 하면 공업과 산업도시라는 자연과 동떨어진 이미지가 있었을 테지만 최근 약 10여 년간의 노력 끝에 태화강에는 연어가 돌아올 정도로 물이 깨끗해졌습니다. 벚꽃과 개나리, 진달래가 진 후에도 봄꽃의 여운을 느끼고 싶은 분들이라면 아이들과 함께 느직이 피어있는 봄꽃을 즐기시는 것도 좋겠습니다.

노란 개나리로 뒤덮힌 가벼운 산책길

서울 응봉산

촬영팁 — 응봉산은 낮에는 표준렌즈, 밤에는 삼각대와 광각렌즈를 지참하면 된다. 그리고 단렌즈 하나만 있으면 웬만한 인물사진은 모두 찍을 수 있다. 한강의 야경을 구불구불 한 다리와 함께 담을 수 있는 곳이기도 하다.

주소
서울시 성동구 응봉동 응봉산

문의
02-2286-6061

주변관광지
서울숲공원

4월이 되면 여기저기에서 봄이 왔음을 알리는 꽃의 향연이 시작됩니다. 서울에서도 개나리를 원 없이 볼 수 있는 여행지가 있는데, 바로 해발 81m의 응봉산입니다. 산이라고 하기에는 좀 낮아 보이지만 가족들과 함께 산책하기에 길이 좋게 나있고 그 바로 옆으로는 서울숲이 자리하고 있기 때문에 봄 나들이 장소로 상당히 재미있는 코스를 만날 수 있습니다.

응봉산이라는 이름이 붙여진 배경은 두 가지가 있습니다. 하나는 산 모양이 매(鷹)의 머리처럼 생겼다고 해서 붙여진 것과 다른 하나는 조선시대의 왕이 이곳에서 매 사냥을 즐겨 '매봉'이라 부른 것을 한자로 표기했다고 전해지기도 합니다. 이러한 장소에서 한강을 내려다보며 사진도 찍을 수 있어 참 좋은 곳입니다. 날씨가 맑은 날에 응봉산을 찾으신다면 상상 이상의 경치를 보실 수 있을 겁니다.

산책로를 걷다 보면 온 산을 뒤덮고 있는 개나리를 볼 수 있습니다. 개인적으로 이렇게 아름다운 봄의 향연지가 서울에 있다는 것은 서울시민에게는 큰 복이라는 생각이 듭니다. 지방에도 이렇게 개나리가 온 산을 뒤덮고 있는 노란 산을 보기란 힘들기 때문입니다.

또 이곳은 아이들과 함께 산책하거나 등산하기에 적합한 경사의 산이기도 합니다. 봄에는 개나리 향연을 함께 즐길 수 있어 더없이 아름다운 곳이지요. 특히 서울이나 경기도에 거주하는 분들은 이번 봄에 아이들과 함께 찾아보기를 권합니다. 꽃 내음과 함께 노랗게 물든 산 속을 걷는 기분이 어찌나 좋은지 느껴보기 바랍니다.

08

자연이 만든 아름다운 길, 벚나무 벗 삼은 치유의 길

영암 100리 벚꽃길

촬영팁 — 양 옆으로 늘어선 벚꽃과 함께 사진으로 추억을 남길 수 있다. 역동적인 사진도 괜찮고 연사를 통하여 많은 사진을 연출한 다음 좋은 사진을 선택하는 방법도 있다. 렌즈는 표준렌즈가 적당하다.

주소	문의	홈페이지	주변관광지
전남 영암군 영암읍 군청로 1	061-470-2347	wanginfs.yeongam.go.kr	월출산 기차랜드 왕인박사 유적지 구림 한옥마을

해마다 봄이 되면 벚꽃축제는 전국을 떠들썩하게 만드는 꽃 축제의 으뜸이지요. 화려한 벚꽃이 꽃망울을 터트리기 시작하면 그 지역의 차량들은 서서히 정체되기 시작하는데요. 경주 보문단지, 진해 벚꽃축제를 시작으로 영암 월출산 아랫길, 하동 화개장터와 쌍계사의 십리 벚꽃길, 충주호, 속리산, 계룡산 등 전국이 벚꽃으로 화려한 봄을 알리고 있습니다.

이번에 소개해 드릴 곳은 전라남도 영암의 구림마을 앞 벚꽃길로 30~40년 된 벚나무들이 아름다운 길을 만들어 주는 영암 100리 벚꽃길입니다. 사실 영암은 크게 주목 받지 못하는 도시였는데 이곳에서 F-1을 시작하면서 점차 알려지게 되었고, 왕인 문화축제를 개최하면서 영암 100리 벚꽃 길도 전국의 벚꽃축제의 대열에 합류되었습니다.

벚꽃의 절정인 4월 첫째 주가 되면 전라도에서는 영암 왕인 문화축제와 함께 벚꽃 퍼레이드가 펼쳐집니다. 지방도 819호선을 따라 약 28km에 달하는 구간에 벚꽃이 피어 있습니다. 구림마을은 백제 왕인 박사를 비롯해 도선국사와 최지몽 선생을 배출한 곳이기도 합니다. 영암의 뿌리가 담겨져 있는 곳이라고 해도 과언이 아닐 정도로 자연친화적이고 역사적인 정서를 공유하고 있는 곳이라고 할 수 있습니다.

자연의 향기를 마음껏 느끼면서 정신과 육체가 모두 치유 받는 느낌을 받을 것입니다. 조금 더 가벼운 벚꽃길로 여행을 하고 싶다면 편한 운동화와 물, 그리고 무겁지 않은 똑딱이 카메라 정도만 걸치고 산책에 나서보세요. 봄 햇살이 걱정된다고 선글라스를 착용한다면 흰 벚꽃을 보러 가는 의미가 없겠지요?

09

벚꽃과 유채꽃의 환상적인 조화

울산 선암호수공원

촬영팁 — 봄의 작품사진을 남길 수 있는 여행지가 바로 선암호수공원이다. 자신이 가진 카메라 장비를 총 동원해서 가족들은 물론 풍경과 자연 등 모든 것을 아낌없이 카메라에 담아보자.

주소	문의	이용안내	주변관광지
울산시 남구 선암호수길 104	052-226-5901 seonamlp.ulsannamgu. go.kr	06:00~22:00	대왕암공원 태화강대공원 울산대공원

전국을 여행하는 국내여행 전문 블로거이다 보니 봄에 우리나라에서 갈만한 전국의 여행지를 거의 다 가본 것 같습니다. 그 중에서 봄을 알리는 가장 선명한 풍경이 펼쳐지는 곳이 있어 소개해 드릴까 합니다.

벚꽃과 유채꽃이 환상적인 조화를 이루는 곳, 세계에서 가장 작은 교회와 절, 그리고 오래된 건물이 있는 곳. 바로 울산의 선암호수공원입니다. 중간에 호수가 크게 자리잡고 있어 경기도 일산의 호수공원과 비슷할 수도 있겠지만 그곳보다는 좀 더 자연친화적인 곳입니다.

봄이 되면 호수 주변의 산책길에는 벚꽃과 유채꽃이 조화를 이루며 피고, 여름이 되면 해바라기 꽃이 유난히 많이 피어 노란 물결을 만들며, 가을이 되면 억세 물결이 장관을 이루는 곳입니다. 겨울에도 산책로를 거니는 사람들이 많이 보일 정도로 사계절 여행지로 손색이 없는 곳입니다. 이곳의 큰 장점은 어른들에게는 가볍게 걸으며 쉴 수 있게 해주고 아이들에게는 신나게 뛰어놀 수 있게 해준다는 것입니다. 총 산책로 4km, 지압보도 83m, 데크광장 6개소, 장애인 탐방로 113m, 습지 탐방로 107m,

장미터널 180m, 넝쿨터널 10개소로 이루어져 있어 꽃 구경만이 아닌 아이들의 자연학습에도 큰 도움을 주고 있으니 주말여행으로 훌쩍 떠나보는 것을 추천합니다. 서바이벌 게임장, 인공 암벽장 등의 시설도 운영하고 있고 테마 쉼터에서 볼 수 있는 세계에서 가장 작은 교회, 성당, 사찰은 한 명의 사람이 들어갈 수 있는 협소한 공간이지만 어디에서도 볼 수 없는 신기한 경험을 할 수 있는 곳입니다. 호수가 있는 넓은 공원에서 긴 벚꽃길을 걸으며 마음을 넓히고 생각을 한차례 쉬어가는 여행이 되기 바랍니다.

10

고스란히 전해지는 시골마을의 정취

구례 산수유 마을

촬영팁 — 구례 산수유 마을에서는 노란색 꽃을 아름답게 담는 것이 포인트다. 산수유가 화려하진 않지만 단렌즈를 사용하여 인물을 부각시키고 꽃은 부수적으로 담아주는 것이 이곳에서 사진을 잘 찍는 하나의 방법이다. 인물촬영 시에는 항상 초점을 눈에 맞추고 여러 장을 찍는 것이 좋다.

주소	문의	홈페이지	주변관광지
전남 구례군 산동면 위안월계길 6-12	061-783-9114	www.sansuyoo.net	광양 청매실 농원 지리산 10경

　　전라남도는 광주민주화 운동 같은, 유독 가슴 아픈 역사를 많이 지난 곳이지만, 자연의 모습은 참 아름다운 곳입니다. 그래서 봄이 되면 제가 가장 많이 찾는 여행지이기도 하지요. 전라도의 여행지 중에는 한 공간에서 두 곳의 유명 여행지를 갈 수 있는 곳이 있는데, 바로 구례 산수유 마을과 광양 청매실 마을입니다.

　　지리산 끝자락에 자리잡은 구례 산수유 마을은 지리적 특성을 고려하더라도 추운 지역에 속합니다. 지리산의 기운을 많이 받아서 그런지 4월 초에 가도 눈 덮인 산을 볼 수 있지요. 그러나 그 아랫마을에는 노란 산수유가 자태를 뽐내고 있으며 봄이 왔다는 소식을 반갑게 전해주는 곳이기도 합니다. 전국에서 가장 유명한 산수유 축제를 하는 이 마을은 도로가 좁고 주차장이 협소한 것에 비해 관광버스가 줄이어 들어설 정

도로 제법 유명한 관광지가 되었습니다. 윗마을과 아랫마을을 다녀보면 마을마다 조금 다른 특징이 있는데, 윗마을은 마을이 계곡으로 이어져 있어 자연친화적인 느낌이 그대로 살아있는 반면 아랫마을은 말 그대로 '시골마을'의 정취를 고스란히 느낄 수 있습니다. 아랫마을에서는 골목길 돌담에 기대어 서서 그곳에서 사는 주민들의 소소한 일상을 구경하기도 하고, 흐트러지게 핀 산수유를 감상 할 수도 있습니다.

봄 여행지는 대부분 꽃이 있기 마련이라, 어떤 분들은 '또 봄 꽃이야?'하는 생각을 할 수도 있겠지만 일년 중 한 달 정도만 피고 져버리는 봄 꽃의 싱그러움은 겨우내 움츠러 있던 몸과 마음을 치유해주는 존재입니다. 환한 꽃에서 내뿜는 긍정의 에너지는 삶에 대한 적극성을 부여해 줄 것입니다. 여행을 많이 다니다 보면 어느 곳, 어느 시간에 이러한 긍정의 감정을 느낄 수 있을 텐데, 이것이 바로 여행의 기쁨이 아닐까요. 새로운 세상에 온 것마냥 즐거운 봄 꽃 축제, 지리산 끝자락에 위치한 구례 산수유 마을이 그 봄 꽃의 향연을 일깨워 줄 것입니다.

11

걷고, 보고, 타면서 느끼는 풀숲의 정취

곤지암 수목원

촬영팁 — 출사를 하기에도 좋고 자연을 담기에도 좋은데 멋진 풍경이 넓게 펼쳐져 있어서 광각렌즈와 표준렌즈를 동시에 가져가는 것이 좋다. 특히 꽃과 식물, 곤충들도 많기 때문에 접사렌즈를 지참해서 평소에 담지 못하는 식물들을 마음껏 담아보는 것도 좋은 추억이 될 것이다.

주소	문의	이용안내	주변관광지
경기도 광주시 도척면	031-8026-6666	09:00~일몰 시까지	경안습지생태공원
도척윗로 278	www.konjiamarboretum.	월요일 정기휴일	이천 설봉공원
(곤지암화담숲)	com	성인 5,000원	용인 자연 휴양림
		어린이 3,000원	

우리나라에는 전국적으로 수목원이 많이 분포되어 있습니다. 저 역시 꽤 많은 수목원을 가봤는데요, 그 중에서 가장 추천해 드리고 싶은 곳은 곤지암 수목원입니다. 이곳을 추천하는 이유는 아내와 아이들이 가장 좋아했던 곳이기 때문입니다. 식물원으로 잘 꾸며진 이곳은 가족여행지로서 최적의 조건들을 갖추고 있습니다. 보통 수목원이라고 하면 평지의 산책로를 따라 1~2시간 내외로 걸으면서 꽃과 자연을 관람하는 것이 전부일 텐데, 이곳은 기차와 리프트, 모노레일을 타고 산 정상까지 올라간 후에 다시 내려오면서 수목원을 관람할 수 있습니다. 체험과 관람, 휴식을 동시에 할 수 있는 색다른 곳이지요.

셔틀 기차를 타고 수목원으로 이동한 후, 리프트를 타고 산 중턱까지 올라간 뒤에 정상까지 걸어서 이동하거나 모노레일을 타고 이동할 수 있습니다. 이 중 모노레일만 유료로 운영되고 있지만 상당히 이색적이기도 하고, 아이들과 함께 간다면 산 정상까지 가기엔 다소 힘들 수도 있

기 때문에 모노레일을 타고 올라가는 것을 추천합니다. 모노레일을 타고 올라갈 때는 수목원을 내려다 보면서 감상할 수 있습니다. 산 정상에 도착을 한 후에는 다시 천천히 산을 내려오면서 수목원의 자연과 꽃을 감상하면 됩니다. 유모차를 가지고 와도 충분히 관람이 가능한 길과 코스로 되어 있으며 구석구석 잘 가꾸어진 식물과 곤충과의 만남은 아이들에게 자연의 아름다움을 선사함과 동시에 자연을 경험하는 산 교육장이 될 것입니다. 저도 그렇지만 아내는 자신보다도 아이들이 좋아하는 곳을 더 좋아하는 것 같습니다. 주말 내 자연 속에서 뜀박질하며 그간의 스트레스를 떨쳐 버리는 아이들의 웃음소리가 저희 부부를 행복하게 했지요.

　　　일반 수목원처럼 자연만을 보는 것이 아닌, 체험과 즐거움이 있기에 이곳을 추천해 드리며 당일여행으로도 아주 멋진 코스가 되리라 생각합니다.

12

봄 소식을 알리는 잔잔한 허브향기

제주 허브동산

촬영팁 — 이곳은 평소에 보지 못하던 허브와 관련된 꽃들이 많기 때문에 접사렌즈가 필수이다. 접사렌즈가 없다면 망원렌즈를 가져가도 좋다. 꽃은 초점을 어디에 두느냐에 따라 천차만별의 느낌이 나기 때문에 촬영 시 초점을 다양한 방향에 맞춰 촬영하면 좋다.

주소	문의	이용안내	주변관광지
제주도 서귀포시 표선면 돈오름로 170	064-787-7362 www.herbdongsan.com	08:00~일몰 시까지 성인 7,000원 청소년 5,000원 어린이 4,000원	천지연폭포 산굼부리 제주미니랜드 에코랜드

우리나라의 봄 소식을, 꽃이 피는 것으로 가장 먼저 알리는 곳은 제주도일 것입니다. 그 중에서도 가장 이른 시기에 많은 꽃을 볼 수 있는 곳이 있어 소개합니다.

제주 허브동산은 꽃샘추위가 오기도 전인 3월 초가 되면 이미 동산 근처까지 허브향이 그득하게 차오릅니다. 동산 산책로는 좋은 경치를 주변으로 하고 있어 이른 봄을 즐기기엔 안성맞춤의 장소라 생각됩니다. 육지에는 아직 매화도 피지 않았을 무렵인데 제주도의 봄은 유독 일찍 시작되니, 꽃샘추위 속에서 봄을 느끼고 싶다면 제주도 허브동산을 찾아보면 좋을 것 같습니다. 특히 이곳은 족욕을 할 수 있는 곳이 있어서 가족과 함께 체험을 하며 정신과 육체의 피로를 모두 쉬게 해줄 수 있습니다. 저는 아내와 아이들의 발을 씻겨주기도 하고 아내와 아이들은 저의 발을 씻겨주기도 하면서 가족애를 표현할 수도 있어 따뜻한 온기를 느낀 곳입니다.

허브로 만든 다양한 상품들을 만날 수도 있는데, 아내는 허브향을 좋아해서인지 갈 때마다 몇 가지를 사고 집에 와서 사용하기도 지인들에게 선물하기도 합니다. 허브동산 안에는 잠을 잘 수 있는 숙소가 마련되어 있는데요. 이곳에서 잠을 자고 난 다음 날이면 허브향을 느끼면서 밤을 보내서인지 상쾌한 아침을 맞을 수 있었습니다(이곳에 숙소를 잡으면 허브동산 입장료는 무료입니다. 한 가족이면 입장료를 꽤 많이 절약 할 수 있으니 참고하면 좋은 정보가 될 것 같습니다).

저희 가족은 근처에서 갈치와 고등어 구이로 저녁을 먹은 다음 이곳에 도착해서 하룻밤 자고 다음날 아침에 이곳을 둘러보았습니다. 밤에 도착했을 때는 은은한 허브 향이 저희를 맞았고 아침부터 아름다운 경치가 저희 가족의 눈을 사로잡더군요. 오전 산책을 마친 뒤에 점심은 허브동산 안에 있는 빅버거를 먹었습니다. 허브향이 나는 고기 맛이 좋더군요. 아이들은 물론 아내에게도 좋은 선물이 되는 이 곳은 겨울을 보내고 봄을 맞이하기에 편안한 장소인 것 같습니다.

13

메타세쿼이아 길과 초록색의 향연을 느낄 수 있는 곳

경상남도 수목원

촬영팁 — 메타세쿼이아 길에서 사진을 찍을 때는 전체적인 숲의 전경을 담는 것이 좋다. 인물과 함께 찍고 싶다면 인물을 중심에 두고 나무전경을 함께 찍으면 좋은데, 담양 메타세쿼이아 가로수길의 정적인 느낌과는 달리 동적인 느낌이 드는 곳이어서 아이들이 걷거나 뛰는 동적인 상황과 조화를 이뤄 찍는 것도 좋다.

주소	문의	홈페이지	주변관광지
경남 진주시 이반성면 수목원로 386	055-254-3811	tree.gndo.kr	진주성 진주유등축제

경남 진주는 예로부터 양반의 도시인데요. 대표적으로 남강 유등축제가 가장 잘 알려져 있으며 촉석루의 논개가 유명합니다. 제가 이번에 소개할 곳은, 정부에서 운영하는 경상남도 수목원입니다. 봄, 가을에 가면 아름다운 꽃과 동물들을 만날 수 있어서 햇살 좋은 날 가족여행지로 아주 좋은 곳입니다.

수목원 안에는 작은 냇가가 흐르고 있고 주변이 모두 아기자기해서 그런지 동화 속의 풍경 같다는 생각이 듭니다. 이곳에서 사진을 찍으면 자연의 감성이 충만한 사진을 얻을 수 있어서 개인적으로 아주 좋아하는 여행지입니다. 뼈만 앙상했던 나뭇가지들이 초록색 옷을 입는 시기에 여행을 가면 우리나라의 자연이 이렇게 아름다웠나 싶을 만큼 멋진 풍경을 볼 수 있습니다. 수목원의 면적은 꽤나 넓습니다. 숲을 지나 안쪽으로 더 들어가 보면 아이들이 좋아하는 작은 동물원도 있어서 아이들이 자연과 친해질 수 있는 시간을 갖게 해줍니다.

이곳으로의 여행은 일년 중 4월에서 5월경에 하는 것이 가장 좋습니다. 봄 꽃이 만개하기 시작할 무렵의 이곳은 아름다운 자연의 절경을 보여주는데, 그야말로 꽃의 대향연을 느낄 수 있을 것입니다.

14

초여름에 만끽하는 청명한 햇살과 꽃의 축제

울산대공원 장미축제

촬영팁 — 사진에서 가장 중요한 것이 바로 빛의 방향인데, 사진사는 빛을 등지고 찍어야 좋은 사진을 얻을 수 있고 이 경우에 모델은 빛을 정면으로 받아 눈이 부시는 단점이 있다. 이 부분을 보완하는 것은 찍는 사람과 찍히는 사람이 마주봤을 때 태양을 옆쪽에 두고 찍는 것이다.

주소	문의	이용안내	주변관광지
울산시 남구 대공원로 94	052-271-8818 www.ulsanpark.com	09:00~22:00	태화강대공원 대왕암공원 신화마을

　6월은 시기적으로 여름입니다. 일년을 주기로 보았을 때 청명한 햇살이 절정을 이루는 시기인데요, 그래서인지 6월 초가 되면 전국 곳곳에서는 다양한 축제가 많이 열립니다. 그 중에서 대표적인 꽃 축제가 바로 '장미축제'가 아닐까 합니다.

　전국에서 가장 큰 규모를 자랑하는 울산대공원의 장미축제는 우리나라에서 가장 넓은 면적에서 꽃을 재배하고 있기 때문에 정말 많은 꽃송이들을 볼 수 있어 마음이 풍요로워짐을 느낄 수 있습니다. 260여종 이상의 장미와 4만 4,737㎡의 면적에서 열리는 이 행사는 세계장미협회(WFRS)에서 명예 입상한 14종의 장미 중 10종을 볼 수가 있습니다. 작은 동물원이 함께 있어 아이들이 뛰어 놀기에도 구경하기에도 참 좋습니다.

　　울산대공원은 울산의 대표적인 공원이어서 경상도 지역에서
는 굉장히 유명한 곳입니다. 문이 여러 개이니, 장미 축제를 보러 갈 때는
(공원의 남문에서 진행하기 때문에) 남문으로 입장해야 합니다. 축제는 보
통 6월 초에 진행되며 이 장미축제 외에도 울산대공원은 볼거리로 가득
한 곳이니, 초여름 장미의 향연도 즐기고 대공원에서의 가족피크닉도 함
께 즐기길 바랍니다.

　　작은 팁이 있다면, 이곳은 그늘이 없기 때문에 모자나 선글
라스를 지참하는 것이 좋습니다. 또 6월은 한창 더위가 기승을 부릴 시기
이니, 시원한 물과 음료수를 가벼운 배낭에 넣고 다니면서 더위를 이겨내
기 바랍니다.

15

꽃으로 만들어진 자연의 낭만

함안 둑길과 악양루

촬영팁 — 광각과 망원이 동시에 필요한 곳이다. 도시에서는 볼 수 없는 나비와 벌들이 모여드는 곳이어서 접사로 사진 찍기를 좋아하는 분들에게 최적의 장소이다. 접사렌즈로 자연을 촬영하고, 망원렌즈도 가지고 가서 뛰어 노는 아이들의 모습을 담으면 좋다.

주소	**주변관광지**
경남 함안군 대산면	함안 무진정
서촌리	함안박물관

봄에서 여름으로 가는 길목인 5~6월은 일년 중 꽃이 만개할 시기입니다. 도시의 아침을 걸을 때 맡을 수 있는 싱그러운 꽃 내음이 출근길의 발걸음을 가볍게 합니다. 6월이 지나면 본격적인 장마와 더위가 시작되기 때문에 그 전인 초여름에 가족나들이를 많이 다녀야 합니다.

둑길을 따라 다양한 꽃들이 꽃 길을 만드는 곳이 있습니다. 바로 함안의 둑길인데요, 풍경이 좋아서 산 중턱에 지었다는 악양루처럼 이곳의 자연은 정말 아름답습니다. 개인적으로 자연을 훼손하지 않은 자연의 품 안에 안겨 있는, 조화를 이루는 여행지를 좋아하는데, 이곳은 바로 그런 아름다움을 간직한 곳입니다. 시간과 자연이 만나 만든 선물과 같은 곳이지요.

둑 뒤로는 작은 비행장이 있어서 경비행기들이 수시로 이착륙하는 모습을 볼 수도 있습니다. 둑길을 따라 2km 남짓 걸어가면 이곳의 경치에 반해서 산 중턱에 지은 악양루를 만나볼 수 있습니다. 악양루는 그리 높지 않은 곳에 있어서 누구나 올라갈 수 있습니다. 그곳에서 바라보는 둑길 전경은 말로 이루 말로 표현하지 못할 만큼 시원하게 뻥 뚫려 있습니다.

이곳을 설명할 때는 특별한 수식어가 필요하지 않습니다. 손을 잡고 뚝방 길을 걸으면서 양귀비와 장미 같은 다양한 꽃들을 보며 산책하는 것은 저와 아내에게 특별한 시간입니다. 하루가 다르게 자라나는 아이들에게 자연의 아름다움을 있는 그대로 느끼게 해주면서 부모로서의 보람을 느낀다고 할까요. 뭔가 알 수 없는 충만감을 느끼게 하며 위로를 받는 곳입니다. 뚝방 길에 조성된 꽃으로 몰려드는 나비와 벌들도 좋은 볼거리입니다. 저희 가족은 이런 자연의 모습을 함께 경험하면서 추억을 만들어갑니다. 개인적으로 일년 중 여행하기에 가장 좋은 시기로 6월을 꼽습니다.

1. 일상에 지친 아내를 위한 휴식과 위로 여행

16

키즈카페와 놀이동산은 저리 가라

마산 가고파 국화축제

촬영팁 — 국화꽃은 실제로 보는 것도 아름답지만, 색이 참 선명한 꽃이어서 사진으로 찍으면 더욱 아름답다. 핸드폰으로
간단하게 찍어도 결과물은 근사할 것이다.

주소	문의	홈페이지	주변관광지
경상남도 창원시 마산합포구 월남동	055-225-2341	festival.changwon.go.kr/ gagopa	돝섬 주남저수지 팔용산돌탑 창원해양공원

마산에서는 해마다 가을이 되면 천만 송이의 국화축제를 엽니다. 상당히 큰 규모의 축제인데요. 꽃 중에서도 국화는 소박한 편에 속하면서 의지가 강한 꽃으로 여겨집니다. 외면보다는 내면이 강한데, 그렇게 평가받는 이유는 다른 꽃들에 비해 오래 펴있기 때문입니다. 그리고 국화의 향은 왜인지 우리나라의 정서와 닮아 있습니다. 외유내강의 이미지와는 달리 오랜 여운을 남기는 국화향은 아이들에게 절로 춤을 추게 하는 마력이 있는 듯합니다. 아이들과 국화축제에 가면 "아빠 여기는 너무 좋은 냄새가 나."라며 꽃이 핀 옆길을 쉬지 않고 뛰어 다닙니다. 특히 감성이 풍부한 막내가 이 곳을 좋아하는 또 다른 이유는 국화꽃으로 만든 꽃 작품이 많기 때문인듯 합니다.

매년 열리는 국화축제이지만 매년 새로운 작품을 볼 수 있기 때문에 저희 가족은 매번 이곳을 찾게 됩니다. 전국의 국화를 한 자리에서 모두 볼 수 있어서 꽃 마니아인 아내도 무척이나 좋아하는 장소입니다. 저희와 같은 가족단위 외에도 관광버스를 타고 오는 분들도 많은데 주말보다는 평일에 가면 좀 더 한산하고 조용하게 국화꽃을 즐길 수가 있습니다. 처음 이곳은 NC 다이노스 홈구장으로 이용하고 있는 마산 야구장에서 작은 규모로 시작되었습니다. 시간이 지나면서 점점 규모가 커지게 되었고 최근에는 해안도로 일대의 공터를 이용하여 큰 규모의 축제로 자리잡게 되었습니다. 특히 이곳은 가족과 함께 추억을 남기기에 아주 좋습니다. 꽃을 배경으로 가족의 모습을 사진으로 담기에 최적의 장소가 아닌가 싶습니다. 다양한 국화꽃과의 만남, 그리고 호박으로 만들어 놓은 터널은 아이들에게 또 다른 재미를 선사해 줍니다. 다채로운 문화 행사도 열리고 있어서 어른들은 학창시절에나 느꼈던 축제의 아련한 추억도 떠올릴 수 있을 것입니다.

　　이 책에는 우리나라의 아름다운 꽃과 자연과 예술의 풍경을 고스란히 보여주는 아름다운 여행지가 참 많습니다. 놀이동산이나 실내 키즈카페로 전전하는 우리 아이들에게 우리나라의 자연을 느끼고 이해할 수 있게 보여주세요. 아이들의 코에 자연의 바람을 불어 넣어주면 그 바람 덕에 우리 아이들은 자연과 함께 뛰어다닐 것입니다. 아이돌의 노래와 스마트폰의 게임보다 우리 아이들을 더욱 신나게 하는 것은 가족과의 여행입니다. 자연으로의 여행 말입니다.

17

어렸을 적 등하교 길의 친구

하동 직전마을 코스모스 길

촬영팁 — 길게 늘어선 꽃을 찍을 때는 망원렌즈가 좋다. 가을이라면 햇살은 충분하기 때문에 어디에서 찍어도 좋은 사진이 나온다. 꽃은 배경에 두고 사람을 중심에 놓고 찍으면서 사진을 찍는 사람은 낮은 자세에서 찍으면 꽃과 하늘이 모두 포착되어 전혀 새로운 구도를 담을 수 있다.

주소	주변관광지
경남 하동군 북천면	화개장터 십리벚꽃
직전마을	금오산 일출
	쌍계사
	평사리 최참판댁

가을의 정취를 느끼기에 어떤 꽃이 가장 이상적인 꽃이라 생각하시나요? 가을을 대표하는 여러 꽃들 중에서도 코스모스만큼 가을 정서와 잘 맞는 꽃이 없다는 생각이 듭니다. 그래서 가을이 되면 꼭 찾는 코스모스 길이 있습니다. 전국에 코스모스 군락을 형성한 여행지 중에서도 가장 아름다운 곳은 경남 하동 북천역에 있는 코스모스 길입니다. 코스모스 축제로도 유명한 이곳은 길가에 촘촘하게 서있는 코스모스는 수 km까지 나 있어서 가을이 되면 장관을 이룹니다.

예전에는 이렇게 아름다운 코스모스 길이 참 많이 있었습니다. 저만 해도 어렸을 때 생각나는 꽃을 떠올려보면 코스모스와 해바라기인데, 길 꽃이라 불릴 만큼 길 옆에 피는 꽃으로 익숙한 코스모스는 그냥 꽃이 아니라 길과 함께 하는 동무 같은 느낌이 듭니다. 그런데 최근에는 이렇게 관광지로 형성되어 잘 정비되어 있는 곳을 제외하고는 코스모스를 거의 찾아보기 힘듭니다. 그래서 하동 코스모스의 여행지가 더욱 애정이 가는 곳이기도 합니다. 이곳의 코스모스 축제는 경남을 대표하는 축제로 자리잡았습니다. 오래된 기차가 다니는 기찻길 양 옆에 피어있는 코스모스 군락지를 만나면 나도 모르게 '이렇게 많은 코스모스가 있을 수 있

을까?'하는 생각이 들며 감탄사를 내뱉게 되지요. 아이들은 코스모스 꽃 사이로 뛰어 다니며 까르르 즐거워합니다. 정말 끝없이 펼쳐진 밭에 코스모스가 군락을 형성하여 피어 있는 모습은 영화 속의 한 장면 같습니다.

이곳의 또 다른 볼거리는 메밀꽃입니다. 넓이나 아름다움 면에서 코스모스 밭에 전혀 뒤지지 않습니다. 주위에 메밀국수 집들이 많이 있으니 메밀로 만든 음식도 맛보고 메밀꽃 길을 걸어보길 추천합니다. 봄과 가을에 이곳을 찾는다면 큰 어려움이 없겠지만, 여름에 간다면 마을엔 그늘이 거의 없기 때문에 반드시 모자와 선글라스를 챙겨야 합니다.

이곳의 특징은 뭐니뭐니해도 꽃 구경입니다. 어렸을 적 등하교 길에 피어있던 코스모스 길을 아이들과 함께 걸어보세요. 일상의 근심과 걱정이 자연스레 사라지고 꽃놀이에 심취할 수 있는 여행이 될 것입니다.

chapter

2

호기심 많은 막내를 위한
탐방과 교육 여행

18

자연과 역사를 놀이로 체험하는

산청 동의보감촌

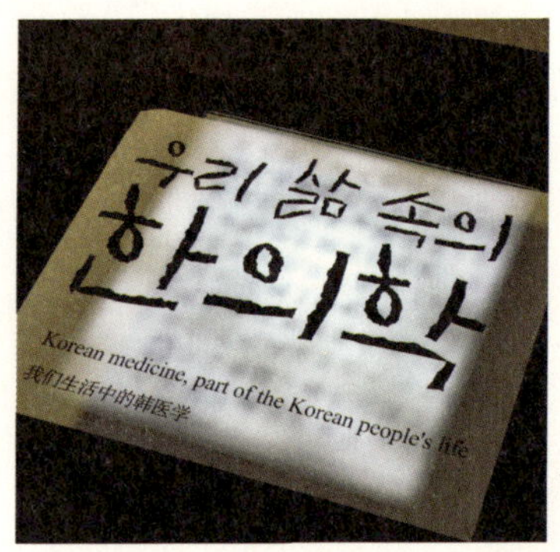

촬영팁 — 촬영하기에 좋은 알록달록한 곳이 많다. 렌즈는 광각계열을 추천하며 밑에서 올려다 보는 풍경을 꽃과 함께 담는다면 좋은 사진을 얻을 수 있다. 망원렌즈를 이용해서 아이들이 뛰어 노는 모습을 담는 것도 좋다. 특히 물이 많은 곳이라 아이들이 물놀이를 하는 모습도 자연스럽게 담을 수 있다.

주소	문의	홈페이지	주변관광지
경남 산청군 금서면 특리 1300-30	055-970-8600	www.tramedi-expo.or.kr	남사예담촌 정취암 내원사 조식선생 유적지

아이들에게 가장 좋아하는 것이 무엇이냐고 물어보면, 백이면 백 "노는 거요."라고 대답합니다. 제 아이들도 마찬가지인데요, 특히 막내는 아직 초등학교 입학 전이어서 호기심도 많고 마냥 놀고만 싶어합니다. 저 역시 놀면서 배워가는 것이 가장 많다고 생각하기 때문에 학원에 찌들게 하기보다는 자연과 벗 삼으며 뛰어놀게 하고 싶은 마음이 큽니다. 물론 평일에는 그렇게 하기가 힘들지만요. 그래서 되도록이면 아이들과 함께 자연으로 가는 주말여행을 꼭 가려고 합니다. 어릴 때 자연과 함께 하는 시간을 많이 갖은 아이들은 성장한 후에 담배나 술과 같은 유해한 것과 거리가 멀어진다고 합니다. 자연 속에 있을 때 가장 자연스러운 사람이 되기 때문인 것 같은데요. 학교에 가기 전에 국어, 영어, 수학을 배워야 한다고 하지만, 제 생각은 그보다는 자연 속에서의 체험학습이 더 중요하다

고 생각합니다. 그래서 소개하는 여행지는 세계전통의약엑스포가 열렸던 경남의 산청입니다. 우리의 한의약과 세계의 의약, 그리고 자연이 함께하는 다양한 테마가 있는 이곳은 매년 9월이 되면 약 한 달 동안 특별한 행사를 개최하기도 합니다.

가족 여행지로 이곳을 추천해 드리는 이유는 아이들이 한의약에 대해 알 수 있고 가족의 건강이 얼마나 중요한지를 체감할 수 있기 때문입니다. 이외에도 역사 속 이야기를 체험할 수 있는 시간을 갖게 하는데, 그 중에는 단군신화에 나오는 호랑이와 곰의 이야기도 있고,『동의보감』을 편찬한 허준의 이야기도 있습니다. 우리가 책을 통해서만 배웠던 역사를 실제로 체험하면서 자연스럽게 인지하게 해주는 것이 좋더군요.

이렇듯 산청 엑스포에는 세계 의약을 알리기 위한 많은 박물관이 운영되고 있으며 형형색색의 조형물과 산책길이 잘 되어있어 아이들이 뛰어 놀며 산책하기에도 좋습니다. 이곳의 모든 조형물의 테마는 단군신화에 기초한 것들로서 우리나라의 역사를 한 번쯤 돌아보는 기회가 됩니다. 그리고 물과 어울리는 이야기도 많은데, 십이지장의 조형물에서부터 한방의약을 어떻게 치료했는지에 대해 자세히 보여주는 박물관까지 관람할 수 있습니다.

이곳에서 우리의 전통문화와 한의학에 대해 미처 알지 못했던 역사를 알아가고 아이와 함께 관람하면서 사진도 찍으며 산책한다면 아이들에게 좋은 추억을 남겨줄 수 있을 것입니다.

2. 호기심 많은 막내를 위한 탐방과 교육 여행

19

이색적인 풍경과 예술이 조화를 이루는

남해 독일마을과 원예예술촌

촬영팁 — 예술적인 느낌을 살리기 위해서는 망원렌즈로 전체를 멀리서 찍는 것이 좋다. 촬영 후 포토샵이나 일러스트로 후반작업을 할 때 모노톤으로 사진을 만져주면 좀 더 예술적인 느낌으로 사진을 남길 수 있다.

주소	홈페이지	이용안내	주변관광지
경남 남해군 삼동면 물건리 1074-2	www.남해독일마을.com www.housegarden.net	09:00~18:00 동절기 17:00까지 성인 5,000원 어린이 2,000원	상주은 모래비치 국립 남해 편백 자연 휴양림 모상개 해수욕장 삼천포 대교

우리나라의 섬, 남해를 아십니까? 육로로는 삼천포대교를 건너거나 남해대교를 건너야만 갈 수 있는 남해안의 섬인데요. 이곳은 경치가 정말 좋고 바다를 낀 해안도로가 잘 되어있어 너무나 사랑스러운 여행지입니다. 이 남해의 볼거리 중에서 독일마을이라는 곳이 있어 소개합니다. 과거 독일에 파견되어 한국의 경제발전에 기여한 독일 거주 교포들이 한국에 정착할 수 있도록 삶의 터전을 제공해 주기 위해 조성된 이 마을은 이제는 독일의 문화와 건축양식을 보존하여 관광지로 많은 인기를 누리고 있습니다. 이곳에 갔을 때 가족 중, 막내 아들이 가장 좋아했던 것이 인상적이었습니다. 그림 그리는 것을 좋아해서인지, 마을 전체적으로 느껴지는 컬러감이 아기자기하고 예뻐서 그랬던 것 같습니다. 바다가 한 눈에 들어오는 전망을 가진 오렌지 색의 지붕들이 한결 같은 이곳은 마치 독일에 온 것 마냥 착각이 들 정도로 이색적인 풍경을 연출하고 있습니다.

　　이곳의 또 하나의 볼거리로 원예예술촌이 있습니다. 예술인들이 한 자리에 모여서 생활 터전을 형성하고 예쁜 카페나 집을 지어서 또 하나의 예술 문화 마을을 형성하고 있는데요, 남해의 '박원숙 카페'라고 한 번쯤 들어봄직한 곳이 바로 여기에 위치하고 있습니다. 이 원예예술촌은 예술인들의 마을이라 그런지 집들이 상당히 이색적이며 아담한 분위기를 연출하고 있습니다. 특히 큰 바위가 있는 전망대가 있어서 남해를 여행한다면 이곳에서 내려다 보는 경치를 꼭 경험하기 바랍니다.

　　이곳은 5월과 9월에 여행하면 가장 좋습니다. 여름에는 오르막이 곳곳에 있어 거닐기에는 땀이 많이 날 수도 있고, 겨울에는 꽃이 져버리기 때문입니다. 남해의 독일마을에서 넓은 바다와 이색적인 풍경을 감상하시고 원예예술촌에서 가볍게 산책하며 여유로운 차 한 잔을 통해 마음의 힐링이 되는 가족여행이 되길 바랍니다.

20

자동차의 역사를 알고, 직접 조종해보는

제주 자동차박물관

촬영팁 — 다양하고 많은 자동차를 일일이 찍다 보면 관람 시간이 너무 오래 걸릴 수 있다. 아이들이 좋아하는 자동차 앞에서 아이들과 함께 자동차를 찍으면서, 가족들이 지루해 하지 않게 해주는 것이 좋다.

주소	문의	이용안내	주변관광지
제주도 서귀포시 안덕면	064-792-3000	09:00~18:00	유리박물관
중산간서로 1610	koreaautomuseum.com	성인 9,000원	대유랜드
		어린이 6,000원	소인국 테마파크

　　자동차박물관은 남자 아이들이 많이 좋아할 만한 장소입니다. 저는 남자 아이만 둘을 키워서 그런지 모르겠지만 아빠의 입장에서 자동차의 변천 과정에 대해서 알려주고 또 직접 보여주고 싶은 마음이 들었습니다. 그래서 제주도에 여행을 가면 이곳 자동차박물관을 꼭 방문하곤 합니다.

　　대부분의 아이들이 자동차를 좋아하긴 하지만 자신이 직접 타고 운전도 해볼 수 있는 작은 미니카를 타는 건 또 새로운 경험을 하게 합니다. 자동차에 흥미가 많은 아이들은 실제로 많은 자동차를 보며 차의 역사와 배경에 대해 자연스럽게 습득하더군요. 이보다 더 좋은 교육법은 없을 것 같습니다. 여행이란 마음을 치유하는 목적도 있지만 알지 못했던 것에 대한 지식을 쌓는 것도 또 하나의 목적이 될 수 있기 때문입니다. 그런 의미에서 이 자동차박물관은 직접 체험하고 실물을 보는 것이 머릿속

에 더 오랫동안 남아 있기 때문에 나와 아이들에겐 너무 좋은 교육 체험장입니다.

박물관에서 자동차들을 구경하고 나면 아이들이 직접 운전을 한 후 운전면허증을 딸 수가 있습니다. 이때는 부모와 함께 운전을 해 보는 시간도 가질 수 있지요. 길지 않은 시간이 걸리는 체험이니 함께 타면서 그 모습을 사진으로 남겨 놓으면 훗날 좋은 추억이 될 것입니다. 아이들이 자신의 몸에 맞는 작은 자동차를 타고 직접 핸들을 돌릴 때 아이의 눈에서는 자신감과 함께 성취감이 보입니다. 자동차가 다니는 도로의 법규도 배우고 위험한 상황까지도 알 수 있어 좋았습니다. 자동차박물관은 계절에 영향을 받지 않는 여행지입니다. 다만 작은 자동차의 체험운전은 야외에 있기에 겨울은 피하는 것이 좋습니다.

21

신석기 시대의 세계문화유산

고창 고인돌박물관

촬영팁 — 실내에서는 플래시를 터트리며 사진을 찍어 주변 사람에게 피해를 주는 것을 피하는 것이 좋다. 대신 실외로 나와 (가을이라면) 코스모스를 배경으로 가족사진을 남기면 좋다.

주소	문의	이용안내	주변관광지
전북 고창군 고창읍	063-560-8666	09:00~18:00	고창읍성
고인돌공원길 74	www.gcdolmen.go.kr	성인 3,000원	고창 선운사
(도산리 676번지)		청소년 2,000원	고창 문수사
		어린이 1,000원	

　　신문에 연재되던 만화 '고인돌'을 즐겨보던 것이 생각납니다. 아이들에게는 그저 역사책에서나 한 번 보는 고인돌이겠지만 유네스코에서 지정한 세계문화유산 중의 한 곳인 고창의 고인돌박물관에 가면 고인돌을 실제로 볼 수 있습니다.

　　유적지에 도착하면 박물관이 먼저 보입니다. 박물관에 들어가서 한 바퀴 둘러보던 중에 첫째 아이가 "아빠, 왜 옛날 사람들은 옷을 안 입었어?"라고 물어보던 해맑은 아이들의 모습이 생각나네요. 옷을 입지 않은 사람들의 모습이 영 낯설기만 한가 봅니다. 아이들에게 더 많은 것을 보여주고 설명해주는 것이 아빠의 역할 중 하나라고 생각하기에 성심성의껏 대답도 해줍니다. 박물관에는 신석기 시대의 생활상과 당시 사용했던 물건 등 한반도의 역사를 눈으로 보며 알 수 있게 해놓았습니다. 옛 선조들의 이야기를 자연스럽게 해줄 수 있는 시간입니다.

박물관을 모두 보고 나서 밖에 나오면 기차를 타고 고인돌을 구경할 수 있습니다. 마침 운이 좋게도 고인돌박물관의 안내원이 함께 탑승하여 고인돌의 역사에 대해 자세히 들을 수 있었습니다. 고인돌은 지상에 4면을 판석으로 막아 묘실을 설치한 뒤에 상석을 올려 지어진 지석묘(支石墓)의 구조로 되어 있는데 이 외에도 다양한 형태의 고인돌을 볼 수 있습니다. 25분 가량 기차를 타는 것 자체도 고인돌을 보는 것도 아이들이 재미있어 하고 마냥 신나기만 합니다.

고인돌 1구역에서 5구역까지 가볍게 산책을 하며 걸을 수 있는 곳도 많아서 추운 날씨와 궂은 날씨를 제외하고는 언제든지 여행하기에 좋은 곳입니다.

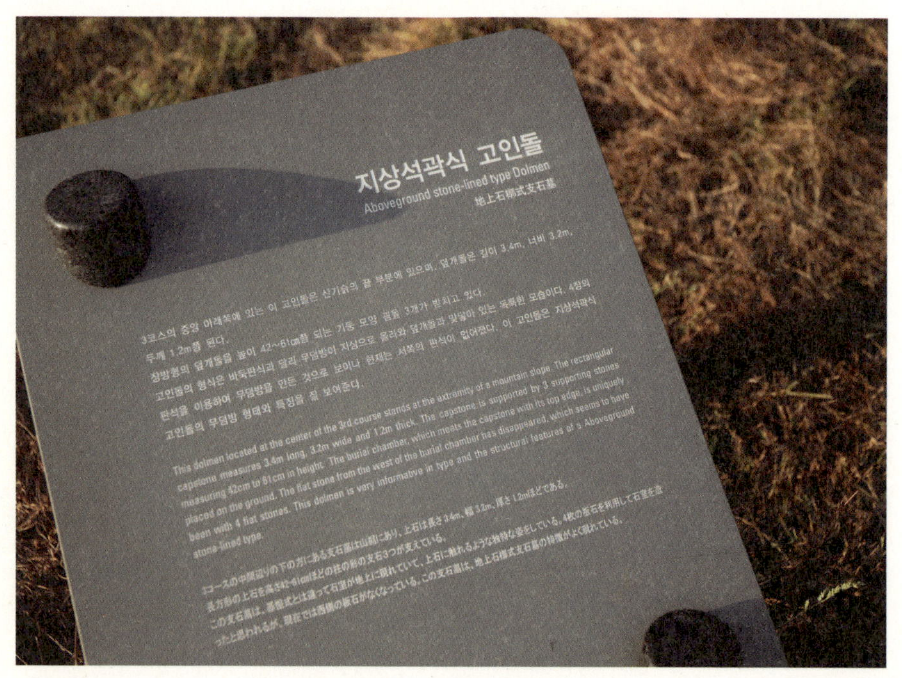

22

유네스코 세계문화유산에 빛나는

안동 하회마을

촬영팁 — 전체적인 풍경을 담을 곳이 많아 광각과 표준을 같이 준비하는 것이 좋으며 인물사진을 찍기 위한 단렌즈도 준비해야 한다. 안동 하회마을의 촬영 포인트는 오래된 고목이 홀로 서 있는 곳이다. 그 옆으로 시골길이 구불하게 나 있어서 전통가옥과 자연이 조화를 이루는 풍경을 담아낼 수 있다.

주소	문의	이용안내	주변관광지
경북 안동시 풍천면	054-853-0109	09:00~19:00	안동 병산서원
종가길 40번지	www.hahoe.or.kr	동절기 18:00까지	하회동 탈박물관
		성인 3,000원	
		청소년 1,500원	
		어린이 1,000원	

세계문화유산으로 지정된, 우리의 전통마을 경주 양동마을과
안동 하회마을 중에 안동의 하회마을을 소개해 드립니다. 우리의 오랜 전
통을 고스란히 남기며 역사를 이어온 곳으로서, 아이들이 이곳을 탐방하
고 우리 선조들의 문화를 이해하기에 충분히 좋은 장소인 것 같습니다. 과
거에는 오래되고 낡은 집들을 쉽게 볼 수 있었지만 지금은 시골에 가더라
도 그런 마을을 좀처럼 볼 수가 없기 때문에 이런 전통마을은 우리에겐 정
말 소중한 곳이 되었습니다. 아이들과 함께 과거 우리나라 집들과 생활상
을 들여다 보며 작은 물건 하나하나를 짚어 보고 어디에 사용했던 물건인
지를 유추해 보고 상상하는 시간을 만들어 보면 좋습니다.

최근에 가보았더니, 입구에서부터 식당들이 즐비해서 전통마을의 첫 인상이 많이 퇴색되었지만, 그래도 마을 길을 따라 걸으면서 어린 시절, 고향의 흙 길을 걷는 느낌을 받았습니다. 아스팔트 길만 밟고 자란 아이들은 흙으로 난 길을 뛰어 다니기도, 미끄러지도 하며 땅과 함께 노는 모습에 웃음이 절로 났습니다.

이 길을 계속해서 걸어 가다 보면 길 옆으로 강처럼 제법 큰 하천이 있는데, 이곳에 '부용대'라고 하는 멋진 바위가 하나 있습니다. 태백산맥의 맨 끝부분에 해당하는 이곳은 하회의 북쪽에 있는 언덕이라는 뜻으로 정상에서 마을 전체를 조망할 수 있는 곳입니다. 비록 64m 밖에 안 되는 절벽이지만 하회마을과 절묘한 조화를 이루어서 운치를 더해줍니다.

늦가을에 가면 황금색의 들판과 노랗게 물든 은행나무가 나란히 서 있는 곳에서 가을의 운치를 제대로 느낄 수 있습니다. 아이에게 전통가옥을 직접 체험하게 해주면서 가족 간의 대화를 자연스럽게 이끌어 내고 싶다면, 이곳 안동 하회마을을 찾으시면 됩니다. 우리의 과거 유산이 소중하다는 것을 깨닫게 하고 현재 살아가는 공간과 비교하며 체험할 수 있는 유익한 여행지입니다.

23

여수의 생생한 해양 생물들을 만나는

여수 고소동 벽화마을

촬영팁 — 벽화마을은 벽화의 터치감이 느껴지도록 접사렌즈로 디테일하게 찍는 것이 좋다. 망원렌즈로는 이색적인 마을 전체의 느낌을 담고 표준렌즈로는 아이들과 벽화의 모습을 함께 담으면 좋다.

주소

전남 여수시 중앙동
여수 구항 해양공원
(바로 뒤편에 위치)

주변관광지

여수 아쿠아플라넷
여수 중앙동 시장

　　겨울에는 추위 때문에 외출을 자제하게 됩니다. 그러나 남부
지방인 여수의 겨울은 중부지방보다는 덜 춥기 때문에 겨울에도 야외로
떠나는 여행이 가능합니다.

　　겨울여행지로 여수 고소동의 벽화마을을 소개합니다. 물론 일
년 중 어느 때에 가든 아름다운 장소라서 봄과 가을에 가도 좋습니다. 생
각보다 많이 알려지지 않은 이곳은 여수의 숨은 여행지로 야외 미술관처
럼 꾸며진 고소동 천사 벽화마을이 인상적인 풍경을 만들어 내는 곳입니

다. 바다가 훤히 보이는 산골동네에 바다 생물들의 그림을 멋지게 그려놓은 마을로서, 아이들을 데리고 야외 미술관을 관람한다는 생각으로 산책하고, 마을 곳곳을 둘러보면 체험학습으로도 그만입니다. 넓게 펼쳐진 바다와 작은 시골마을의 멋진 벽화들의 풍경이 이색적인 느낌을 들게 합니다. 이곳에는 또 다른 풍경도 볼 수 있는데, 마을이 워낙 높은 위치에 자리했기 때문에 장군도, 거북선 대교, 돌산 대교를 감상하기에도 제격입니다.

볼거리가 많아 좋지만, 아직 그렇게 많이 알려지지 않은 곳이기 때문에 인터넷을 검색해 봐도 주소가 명확히 나오지 않습니다. 여수구항 해양공원을 네비게이션에서 검색하면 그곳 바로 뒤에 벽화마을이 위치하고 있습니다. 뒤로는 천사 벽화마을이 앞으로는 여수구항 해양공원이 자리하고 있어서 바다와 공원, 벽화를 동시에 감상할 수 있습니다.

무더운 여름 날씨는 되도록 피하면서 춥다고 집에만 있는 아이들을 활발하게 해줄 야외미술관으로의 여행은 어떤가요?

24

공룡과 동물의 화석을 만나며 배우는

목포 자연사박물관

촬영팁 — 실내에 있지만, 전시되어 있는 공룡과 동물들은 거대하리만치 덩치가 크다. 한정된 곳에서 큰 대상을 찍는 것은 쉽지 않으므로, 망원렌즈와 표준렌즈로 대상의 크기게 맞게 사용하길 권한다.

주소	문의	이용안내	주변관광지
전남 목포시 남농로 135	061-274-3655 museum.mokpo.go.kr	09:00~19:00 월요일 휴관	유달산 갓바위 달맞이공원

일본에 방문했을 때 자연사박물관에 간 적이 있었는데, 전시된 내용이나 규모면에서 아주 잘 되어 있어 인상이 깊게 남아 있습니다. 우리나라에도 일본보다 규모는 좀 작지만 가족이 함께 구경할 수 있는, 전남 목포시에 있는 자연사박물관을 소개해 드립니다.

목포 자연사박물관은 고대 공룡시대부터 현대에 이르기까지 동식물의 분포를 볼 수 있고 공룡화석과 신석기시대의 생활상, 다양한 곤충과 동물들을 한 자리에서 만나볼 수가 있습니다. 입장료도 비싸지 않아 가족여행으로 인기가 많은 곳이기도 합니다.

입구에서부터 거대한 공룡 머리가 눈 앞에 보이는데 한창 공룡에 대해서 관심이 있는 아이들에게는 그야말로 실제 체험을 할 수 있는 최적의 교육 장소인 듯 합니다. 저희 아이들도 공룡에 관심이 많아 박제가 된 동물들의 모습 하나하나에 상당한 관심을 보였습니다. 동물원에서 살아있는 동물들을 보는 것도 좋지만 이렇게 다양하고 많은 동물들을 보는 것 또한 상당히 의미 있는 시간이었습니다. 특히 저는 나비들의 세계 분포와 어마어마하게 많은 종류의 나비를 볼 수 있어서 좋았습니다. 세계 여러 종류의 나비들을 한 자리에 모아둔 곳도 있으니 들러보시기 바랍니다. 아이들이 나비들을 보면서 "아빠, 이렇게 나비 종류가 많아?"하는 질문을 하며, 많은 종류의 나비가 세계 곳곳에 있다는 것을 실제로 눈으로 보고 알아가더군요. 스스로 경험하며 지식으로 습득해 나가는 아이들을 보며 이곳에 오길 참 잘했다는 생각을 했습니다.

박물관에서 동물과 인간의 역사를 알아가는, 재미있는 탐방의 시간을 가족과 함께 하기 바랍니다. 추운 겨울과 여름에 외부로의 여행이 부담스러울 때 더욱 추천할만한 여행지입니다.

역사를 체험하는 과거로의 시간여행

서울 국립중앙박물관

촬영팁 — 표준렌즈 하나면 충분하다. 박물관은 실내이지만 채광이 좋아 밝은 햇살과 아이들의 모습을 함께 담을 수 있다. 또 박물관 앞의 뜰은 굉장히 넓어서 뛰어 놀기에도 좋으니 실외에서 아이들 사진을 찍어도 좋다.

주소	문의	이용안내	주변관광지
서울시 용산구 서빙고로 137	02-2077-9000 www.museum.go.kr	화·목·금 09:00~18:00 수·토 09:00~21:00 일·공휴일 09:00~19:00	전쟁기념관 청계천 광화문 서울버스투어

　　아이들은 초등학교에 들어가면서 우리나라의 역사를 배우게 됩니다. 하지만 현재의 중 · 고등학생이나 성인들의 역사 인식이 부족하다는 정부의 판단 하에 이제부터는 대입 시험에 국사를 필수 과목으로 넣는다는 교육부 발표가 나게 되었고 역사는 더 이상 지나칠 수 없는 필수 교육과목이 되었습니다.

　　대한민국의 역사를 크게 나누어보면 삼국시대부터 시작하여 통일신라, 고려, 조선으로 볼 수 있지요. 실제로 학교에서 배우는 역사적 인물이나 그의 시대적 상황을 머릿속으로만 기억하며 공부하면 많은 한계점이 있기 마련입니다. 배움에 있어서 모든 영역이 그렇듯이 흥미를 갖고 직접 눈으로 보고 습득하며 익혀야 할 필요가 있는데, 이럴 때 아이들과 함께 박물관에 가서 실제로 보고 들어, 평소에는 잊고 지내던 우리의 역사에 대해서 다시 한 번 생각해 볼 수 있는 기회를 가질 수가 있습니다. 꼭 교과서에 있어서 공부하는 것이 아니라 어른들까지도 그 동안 잘 모르고 있었던 부분을 알아감으로써 우리나라에 대한 역사를 제대로 알게 되고 자부심을 갖고 살아갈 수 있는 계기가 되지 않을까 합니다.

서울 안의 여행지들은 이미 너무나 잘 알려져 있어서 이 책에서는 전국 지방 곳곳의 여행지를 소개하고 있지만, 우리의 역사를 잘 알 수 있는 국립중앙박물관은 아이들과 함께 꼭 한 번 가보면 좋을 여행지입니다. 박물관 관람 후에도 주변의 문화공연과 특별전시를 하는 곳이 많아 아이들과 함께 둘러보기를 권합니다. 박물관에서 열리는 특별전도 놓치면 안 되는데요, 중앙박물관 홈페이지에서 특별전 일정을 미리 체크하여 여행 일정을 잡으면 좋습니다.

박물관은 물론 서울 시내 관광을 하루 일정으로 가져보면 좋은데 서울 시청 앞 광장, 청계천도 둘러보고 서울 지하철 5호선 광화문역에서 출발하는 서울 시티투어버스*를 타보는 것도 색다른 경험이 됩니다.

*** 서울 시티투어버스 운행정보 — 1층 버스 도심 · 고궁코스 주간**

운행시간	09:00~21:00	막차 19:00 출발
운행간격	30분	여름 성수기 : 20분
순환시간	약 2시간	
출발장소	광화문역 6번 출구 코리아나호텔 옆	
요금	1일권 12,000원	현금·교통카드 가능

기타 노선과 정보는 www.seoulcitybus.com 참고

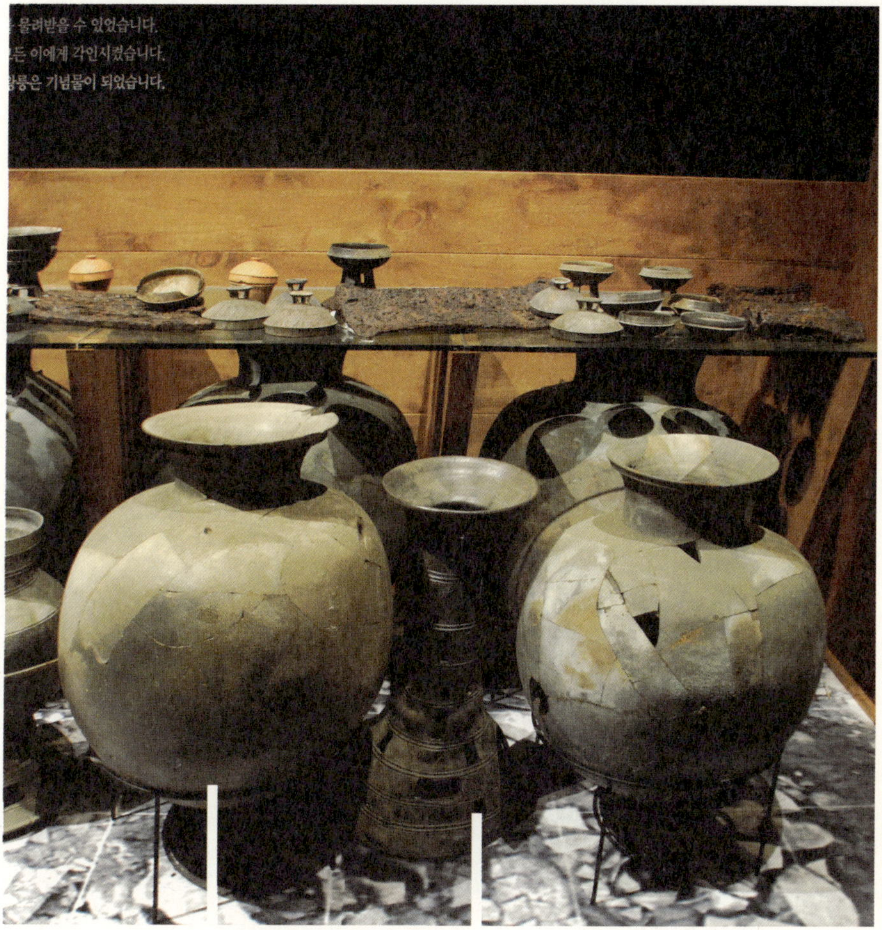

물려받을 수 있었습니다.
든 이에게 각인시켰습니다.
앙룽은 기념물이 되었습니다.

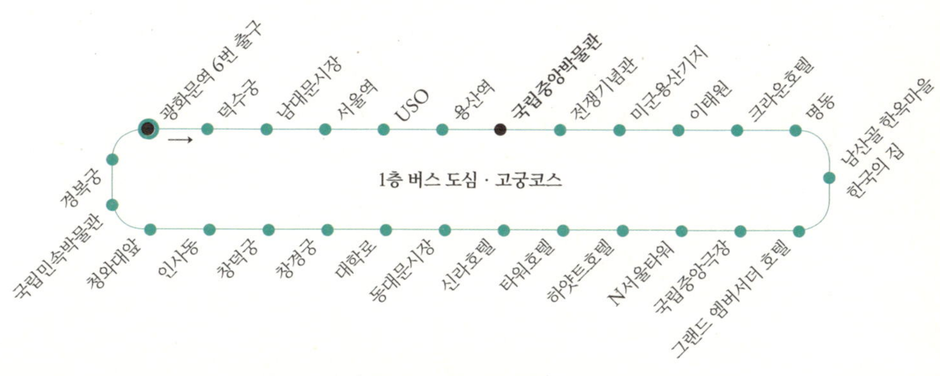

26

아프리카 현지 문화를 직접 체험하는

제주 아프리카박물관

촬영팁 — 아프리카는 형형색색의 화려한 컬러감을 가진 나라이다. 문화 자체가 우리나라와는 많이 달라서 이색적인 볼거리가 많다. 사진은 표준렌즈로 자유롭게 찍어볼 것을 추천한다.

주소	문의	홈페이지	주변관광지
제주도 서귀포시	064-738-6585	www.africamuseum.or.kr	대포 주상절리
이어도로 49			퍼시픽랜드
			천제연폭포
			제주 국제 컨벤션 센터

　　개인적으로 제주도의 여행지나 관광지를 조사해 보면서 특별
하게 생각했던 곳이 있는데 바로 아프리카박물관이었습니다. '여긴 어떤
사람들이 갈까, 간다면 왜 제주도까지 가서 아프리카박물관을 갈까?'하는
의문이 들었던 곳입니다. 안 그래도 제주도에는 볼 것이 많고 갈 곳이 많
은데 굳이 이곳까지 갈 필요가 있을까 하는 생각이 들었으니 말이죠. 그런
데 우리가 흔히 유럽이나 아메리카의 문화나 생활에 대해서는 얼핏 알아
도 아프리카에 대해서는 그냥 텔레비전에서만 보던 이미지만 가지고 있
는 것이 현실입니다. 유럽의 학생들은 수학여행을 주로 아프리카나 이집
트 쪽으로 가지만 우리는 너무나 먼 거리이기도 하고 왠지 아프리카에 가
면 행선지도 없고 도로도 잘 나있지 않아 고생만 할 것 같은 마음에 그 나
라들에 대해서 알려고 조차 하지 않는 것 같습니다. 그런 점에서 아프리카
를 알고 경험하기에 여러모로 좋은 박물관입니다.

　　박물관에 방문하면 제일 먼저 아프리카에 살고 있는 여러 동물들을 만날 수 있습니다. 각종 인형들을 판매하는 편의점과 아프리카와는 조금 다른 이야기이지만 박물관의 선생님과 함께 직접 만들어 보는 체험을 할 수도 있는데, 집도 만들고 차도 만들 수 있는 체험교실이 시간별로 열리고 있습니다. 아이와 선생님이 만든 체험 물품은 집으로 가지고 갈 수 있어서 아이에게는 참으로 의미있는 시간이었습니다.

　　2층과 3층으로 가면 아프리카 주민들의 생활과 인종, 그리고 그들이 사용하는 도구들에 대해서 관람할 수 있습니다. 지하에는 아프리카 원주민들의 공연이 펼쳐지는데, 우리가 흔히 공연장에서나 보던 그런 공연이 아니라 실제 아프리카인들이 타악기로 공연을 하고 공연을 관람하는 우리 또한 작은 북으로 장단을 맞추고 함께 즐길 수 있는 공연이 마련되어 있습니다. 연주에 맞추어 함께 장단을 맞추고 즐긴다는 것은 우리나라의 타악기와도 흡사합니다. 실제로 북을 치면서 장단에 맞춰보면 그렇게 흥이 날 수가 없습니다. 아이들은 직접 북을 치고 장단을 맞추면서 아프리카 음악을 경험하며 신나게 즐깁니다.

　　너무 멀게만 느껴지는 아프리카는 생애 단 한 번도 못 갈 수도 있는 곳이지만, 제주도의 아프리카박물관을 체험하면서 아프리카를 가까이서 경험할 수 있는 좋은 시간이 될 것입니다.

2. 호기심 많은 막내를 위한 탐방과 교육 여행

27

도심에서 만나는 염전과 갯벌의 현장

인천 소래습지생태공원

촬영팁 — 염전은 반영 사진을 찍기 좋은 장소이다. 반영 사진은 망원렌즈로 찍을 때 그 효과가 배가 되는데, 이곳에 갈 때는 광각렌즈와 망원렌즈를 동시에 준비하면 좋다. 광각렌즈로는 넓은 습지와 염전을 담고 망원렌즈로는 아이들이 뛰어 노는 사진을 담는다면 좋은 사진을 남길 수 있다

주소
인천시 남동구 소래로 154번길 77

이용안내
10:00~18:00
월요일, 공휴일 다음날 휴관

주변관광지
소래포구
인천대공원

　　도심 안에서 습지와 염전을 만날 수 있다고 생각해 본 적 있습니까? 저는 습지나 염전은 아주 시골이나 바닷가 근처에서만 볼 수 있다고 생각했습니다. 그런데 도심에서도 이런 곳이 있다니 궁금하기도 하고 직접 보고 싶어서 무작정 아이 손을 잡고 떠났습니다. 이 도심에서의 염전은 인천에 위치한 소래 습지생태공원인데요, 지하철역에서도 15분 거리에 있는 이곳은 습지와 갯벌, 염전을 동시에 누릴 수 있는 도심의 보물입니다.

　　소래 습지생태공원의 첫 번째 볼거리는 염전입니다. 일제 강점기 시절에 조성된 이곳은 1970년대까지 우리나라에서 최대규모의 천일염 생산지였습니다. 지금은 그 때에 비해 많이 축소되어 있는 형태로 그때처럼 염전을 상업적으로 생산한다기보다는 방문객들에게 기념품을 나눠주면서 학습공간과 체험공간으로 이용되고 있기 때문에 아이들에게는 교육 목적상 한 번쯤 경험할 만한 곳이 된 것 같습니다.

　　두 번째 볼거리는 갯벌입니다. 도심 한가운데 자리잡은 갯벌은 신발을 벗고 들어가 볼 수 있는데요, 조수간만의 차이 때문인지 조개류가 살지 않아 갯벌 치고는 조금 허전한 면이 있습니다. 그래도 전망대 아래에 있는 하천 쪽으로 들어가면 게와 망둥이 등 자연의 생명들을 경험할 수가 있습니다.

생태공원의 또 다른 볼거리는 습지입니다. 1시간 정도의 산책로로 이루어진 공원은 온 가족이 산책을 하기에 안성맞춤인 장소입니다. 가족이 함께 촬영하기에 좋은 장소로는 세 대의 풍차가 나란히 있는 곳입니다. 실제로 많은 사람들이 풍차를 배경 삼아 사진으로 담아간답니다. 습지와 풍차를 어디서나 볼 수 있는 풍경은 아니지요. 도심에서 습지가 있는 것도 신기한데 이런 이색적인 볼 거리도 있기에 더욱 매력적인 여행지라 생각됩니다. 다양한 볼거리와 체험이 있기에 아이들이 무척 좋아할 만한 가족여행지로 강력 추천합니다.

28

과거를 직접 살아보고 체험하는

정읍 송참봉 조선동네

촬영팁 — 송참봉 조선동네에는 곳곳에 신기한 것이 많아 아이들이 직접 사진을 찍으면서 산책한다면 더 즐거운 시간이 될 것이다. 조선시대의 집에서 생활하는 모습을 남기면 오래도록 좋은 추억으로 남는다.

주소	문의	이용안내	주변관광지
전북 정읍시 이평면	063-532-0054	2인실 4만원	부안 자연생태공원
영원로 1290-118	folkvillage.co.kr	4~6인실 6만원	무성서원
		6~8인실 8만원	
		10인실 12만원	

신라와 고려, 조선을 거쳐오면서 자긍심을 갖고 우리의 말과 문화를 지키면서 살아오다가 서구 문명이 들어오면서 점차 모든 것이 서구화되어가고 있지요. 이런 사회에서 우리의 것을 돌아보고 체험할 수 있는 곳이 있어 소개해 드립니다.

전라북도 정읍에 가면 송참봉 조선동네가 있습니다. 조선 시대의 생활상을 그대로 재현해 놓은 곳이랍니다. 그런데 그것이 단순히 전시 시설이 아닌 하룻밤 머물면서 아궁이에 불도 떼어보고 요강을 사용하여 볼일도 보는 전기도 없고, 인터넷도 없는 그야말로 조선시대로의 시간여행을 하게 해주는 곳입니다.

이런 곳에 과연 사람의 발길이 닿는지 궁금하겠지만, 집 주인 장인 송참봉 씨는 여행객들을 따뜻하게 대접하고 아이들에게는 우리의 것을 가르쳐 주면서 조선시대의 느낌을 알게 해 주는 탓인지 매주 주말이 되면 예약할 방이 없을 정도로 문전성시를 이루고 있습니다. 이곳에서 아이들과 하룻밤을 머물기로 했을 때 처음 몇 시간은 조금 답답했습니다. 저녁이 되어서 촛불에 의지하여 살아가는 것이 가능할까 생각했는데 아내와 아이들과 함께 따뜻한 아궁이 불 앞에 앉아 오손도손 이야기를 나눌 때는 마음까지 점점 따스해지는 느낌을 받을 수 있었습니다.

요즘 아이들은 여행지에 가서도 늘 스마트폰만 만지고 있는데, 그런 병폐를 자연스럽게 없애주는 이곳은 신기하고 신나는, 정말 조선시대로 시간여행을 한 것 같은 기분이 들게합니다. 그 덕분에 아이들은 자연스럽게 할머니와 할아버지 이야기도 듣게 되고 점차 발전하고 변해가는 세상을 알아가는 듯 합니다.

이렇듯 송참봉 조선동네는 가족들과 대화의 시간을 자연스럽게 갖을 수 있는 곳입니다. 계절에 상관 없이 우리의 옛 생활을 그대로 체험할 수 있는 이곳, 정읍 송참봉 조선동네에서 당시의 생활을 느껴보시기 바랍니다.

2. 호기심 많은 막내를 위한 탐방과 교육 여행

29

아름다운 벽화와 음악, 영화가 스며들어 있는 골목골목

울산 신화마을

촬영팁 — 색채가 아름답고, 따뜻하고, 자연친화적인 정서를 담은 벽화가 많은 곳이다 보니, 어디를 찍든 아름다운 컷으로 남겨진다. 감각적인 컬러를 살리면서 즐거워하는 인물도 함께 담을 수 있게 하려면 어느 한 쪽에 치중하기보다는 풍경 속에 인물을 자연스럽게 찍는 것이 좋다.

주소	주변관광지
울산광역시 남구 여천로	선안호수공원
80번길 19-1	울산대공원
	태화강대공원
	장생포 고래박물관

　　우리나라는 '70년대부터 눈부신 경제성장을 이룩해 오면서 많은 발전을 한 나라입니다. 그 당시, 울산에 석유화학 단지가 조성되면서부터 여러 지역의 건설 노동자들이 울산으로 이주해왔습니다. 이들은 일종의 달동네를 형성하면서 옹기종기 모여서 살게 되었죠. 이후 산업발전을 이루고 나서 많은 사람들은 더 좋은 곳으로 떠나게 되었는데, 이번에 소개할 여행지는 덩그러니 남아있는 달동네 중 한 곳인 울산의 신화마을입니다. 많은 사람들은 떠났지만 지금까지도 이곳은 신화마을이라는 이름으로 보존되고 있습니다. 부산에도 6.25전쟁 때 피난민들이 모여 살면서 형성된 달동네가 있는데, 신화마을과 더불어 아름다운 벽화마을로 승화된 곳입니다. 달동네의 삭막함은 벽화로 인해 예술마을의 모습을 갖추게 되었고, 현재는 관광객들의 발길이 끊이지 않고 있습니다.

　　우리나라에는 여러 곳이 벽화마을을 형성하고 있습니다. 하지만 신화마을의 벽화는 다른 지역과는 조금 다른 면이 있습니다. 바로 그 지역의 느낌을 고스란히 담고 있다는 것입니다. 울산은 장생포의 고래가 유명해서인지 유난히 고래의 그림들이 많이 그려져 있습니다. 물론 고래가 많이 잡히던 것도 과거의 일이지만 울산의 옛 정취를 벽화에 남기려고 한 정서가 보입니다.

　　아이들과 함께 갈 만한 실내 박물관이나 실내 미술관은 많이 있지만 자연을 함께 느낄 수 있는 실외 미술관은 거의 없는데, 신화마을과 같은 곳은 실외에 있는 일종의 체험 미술관이라고 할 수 있습니다. 보는 것만으로 그치는 것이 아니라 직접 만지고 체험할 수 있는 각종 테마가 살아 있는 야외 전시관 겸 미술관인 것입니다. 또 음악이 들려 오는 음악골목은 정서적으로 안정감을 갖게 하고 고래와 관련된 영화 촬영지, 꿈꾸는 골목, 착시의 골목 등 다양한 재미 거리를 만들어 주고 있습니다.

　　각 골목마다의 특색 있는 테마들을 알아가는 재미 또한 아이들에게는 흥미로운 볼거리입니다. 최근에는 '신화 예술인촌'이라 하여 아주 작은 미술 전시관도 오픈 하였는데요, 그곳에서 해설자의 설명을 들으며 신화마을에 대한 이야기를 들을 수 있어 아이는 물론 온 가족에게 유익한 시간이 될 수 있습니다. 한 때 인적이 드물어 아무도 오지 않는 산골의 오지마을이었다고 했다면 지금은 많은 사람들이 오가는 예술적인 관광지로 변모하였고, 또 인상적인 그림들이 많아서 재미있는 사진도 많이 남길 수 있는 장소가 되었습니다.

그리고 이곳 말고 각기 다른 지역적 특색과 역사의 이야기가 담긴 벽화마을이 많이 있습니다. 굳이 울산이 아니더라도, 가족과 함께 벽화마을을 감상해보시기 바랍니다.

30

손으로 만질 수 있는 바다 속으로의 여행

제주 아쿠아플라넷

촬영팁 — 아쿠아리움에서는 플래시를 터트릴 수 없기 때문에 조리개가 밝은 렌즈를 마운트 하는 것이 좋다. 어두운 실내에서 촬영하는 것은 어렵기 때문에 인물사진은 자연 채광이 들어오는 곳에서 찍을 것을 권한다. 렌즈는 망원렌즈와 표준렌즈가 좋다.

주소	문의	이용안내	주변관광지
제주특별자치도 서귀포시	064-780-0900	10:00~19:00	성산일출봉
성산읍 섭지코지로 95	www.aquaplanet.co.kr	성인 38,400원	우도
		청소년 36,800원	섭지코지
		어린이 34,500원	

　　제주 아쿠아플라넷은 우리나라에서 가장 큰 규모를 자랑하는 아쿠아리움입니다. 최근에 지어져서 그런지 시설도 깨끗하고 가족 단위의 방문객이 많아서 큰 식당과 카페 등의 푸드코트도 잘 갖춰져 있습니다. 시간마다 다양한 공연이 열리기도 하고 바다 생태계에 대한 교육시설도 준비되어 있습니다.

　　우선 물고기를 구경하러 들어가봅니다. 입구 가까이에는 중형 수족관들이 있고 독립적인 환경을 갖춰주어야 하는 바다생물들은 각자의 공간 안에서 모여 살고 있습니다. 특히 펭귄들이 모여 있는 수족관 앞은 늘 많은 사람들이 모여 있습니다. 이곳을 지나면 여수 아쿠아리움에 있는 것과 같은 포레스트 숲을 만날 수 있고 상어, 가오리 등의 거대한 물고기와 작은 물고기떼가 함께 살고 있는 메인 수족관에 다다르게 됩니다.

　　수족관으로 덮인 터널은 천장 위로 물고기들이 떼지어 오가는 모습을 볼 수 있고 마치 하늘 위에서 물고기가 날아다니는 것 같은 느낌을 줍니다. 이곳의 가장 인기 있는 물고기는 고래상어인데(입 주변이 상어를 닮아서 붙여진 이름), 각종 언론에서 큰 고래상어를 수족관에 가두는 것은 고래상어에게 큰 스트레스를 주는 일이라고 반발을 하였고, 수족관

측은 이를 받아들여 방생하게 되었습니다.

　　　메인 수족관이 고래상어가 있기에는 좁았을 수도 있지만, 다른 물고기들은 크게 불편하지 않은지, 유유히 헤엄치고 있더군요. 엄청난 크기의 가오리도 보이고, 아이들 눈에는 더욱 신비롭게 느껴졌을 것입니다. 저희 아이들도 눈이 휘둥그레져서는 물고기들이 물 속을 훨훨 날아다니는 모습을 열심히 지켜보았습니다.

　　　아쿠아리움에서 나오면 옆 공연장에서는 매일 정기적인 공연을 하는데 볼만한 것이 많이 있습니다. 저는 가족들과 싱크로나이즈 공연과 해양동물 생태설명회를 듣기로 하고 갔습니다. 공연을 본다면 가족과 함께 골라서 관람하기를 권해드립니다. 공연 시간은 정해져 있으니 카탈로그나 홈페이지의 정보를 잘 참고하시기 바랍니다.

　　　공연이 끝나고 밖으로 나오면, 바로 눈 앞에 펼쳐지는 제주도 동부해안의 아름다운 풍경에 해외로 여행 온 듯한 이국적인 느낌이 듭니다. 바다 풍경을 보며 식사할 수 있는 식당이 주변에 많이 있으니, 제주도 토속 음식으로 식사를 하고 다른 곳으로 이동하길 권합니다.

31

우리의 소중한 역사를 지켜나가는

청풍 문화재단지

촬영팁 — 표준렌즈를 마운트하고 160m까지 쏘아올리는 분수를 배경으로 호수와 꽃을 함께 담으면 좋다. 배경을 선명하게 하려면 조리개를 F4 이상으로 설정해야 한다.

주소	문의	홈페이지	주변관광지
충북 제천시 청풍면 청풍호로 2048	043-641-5532	tour.okjc.net	의림지 박달재 송계계곡

'청풍명월'이라는 말은 '맑은 바람과 밝은 달'이라는 의미인데, 듣기만 해도 기분 좋은 바람과 분위기 그윽한 달밤이 생각날 정도로 운치 있는 말인듯합니다. 그 청풍명월의 청풍을 이름으로 하는 문화재가 있으니 바로 제천의 청풍문화재입니다.

충북은 지리적으로 우리나라의 중앙에 위치한 곳이라 예부터 과거시험을 보러 갈 때면 이곳을 거쳐서 한양으로 이동하는 교통의 요충지 역할을 했습니다. 각 도와 도시의 경계선에 위치해 있다 보니 어디를 가든지 이 충북을 거치게 되는 것입니다. 그 충북 중에서도 제천에는 자연 경관이 아주 빼어난 곳으로 유명한 곳이 많습니다. 대표적으로 월악산, 옥순봉, 금수산 등이 있는데, 이번에는 청풍 문화재단지를 소개해 드릴까 합니다.

청풍 문화재단지는 제천의 충주댐을 건설하면서 각종 문화재들이 물에 잠기기 전에 이주하여 모아둔 곳입니다. 보물 2점(한벽루, 석조여래입상), 지방유형문화재 9점(팔영루, 금남루, 금병헌, 응청각, 청풍향교, 고가4동 등), 지석묘, 문인석, 비석 등 42점과 생활유물 등 2천여 점이 보관되어 있다고 하니, 과거 이곳의 문화를 상세하게 들여다 볼 수 있는 소중한 장소입니다. 현재는 이러한 문화재를 활용하여 드라마 세트장으로 더욱 인기를 끌고 있는 곳이기도 합니다.

처음 들어서면 오래 전에 했던 '일지매'드라마 세트장이 눈에 들어오게 되는데 가족들과 따뜻한 봄날에 나들이 하기가 참 좋은 곳입니다. 그리고 위로 올라가면 제천의 리조트와 강, 그리고 멋진 다리를 한눈에 볼 수 잇습니다. 봄에 이곳을 찾는다면 개나리와 산수유가 함께 피어 있어서 더욱 멋진 풍경을 보여주기도 하지요. 근처에는 민속촌이 형성되어 있는데, 우리의 전통적인 가옥 구조로 되어 있어 또 하나의 볼거리를 제공합니다.

여행 중에 반드시 봐야 할 하이라이트는 다목적댐 건설로 생성된 호수인데 내륙의 바다라고도 불릴 만큼 그 규모가 엄청납니다. 또한

160여 m까지 쏘아 올리는 수경분수의 물줄기는 보는 이로 하여금 시원함과 함께 흩어 뿌려지는 물방울의 화려함을 느끼게 합니다.

가까운 곳에 금월봉과 왕건 촬영지가 있는데 '왕건' 촬영지도 한 번 둘러볼 것을 권합니다. 촬영지 앞으로는 청풍호가 보이고 드라마 촬영 당시에도 해상 도시 이미지로 많이 소개가 된 곳입니다. 아주 오래 전, 고려가 시작되기 전의 생활상들을 많이 보존하고 있어서 아이들 교육에도 아주 좋습니다. 특히 청풍호와 오래된 집들이 함께 어우러져 아주 멋진 풍경을 보여주고 있습니다.

32

예술의 혼을 깨운 미술관의 시초

통영 동피랑 마을

촬영팁 — 특별한 촬영 포인트가 없이 모든 곳이 사진을 찍기 좋은 곳이다. 벽화들이 생동감 있고 특히 마을 정상에서 내려다 보는 통영바다의 조망과 알록달록한 집들은 사진에 아름답게 잘 담긴다. 사진기가 없다면 핸드폰 카메라로도 좋은 사진들을 담을 수 있다.

주소	문의	홈페이지	주변관광지
경남 통영시 동호동	055-649-2263	www.dongpirang.org	남망산 조각공원 윤이상 기념공원 이순신공원 통영 케이블카

언젠가부터 가난의 상징이었던 우리나라 산동네들은 벽화마을로 탈바꿈하면서 예술마을로 변화되기 시작했습니다. 소외 당하고 곧 개발될 위기에 처한 동네를 예술의 아름다운 정신을 투영시켜서 문화예술 관광지로 개선하기 위해 많은 예술인들이 노력한 결과이지요. 이들과 마을주민의 협력으로 인해 여러 산동네들은 하나의 예술로 변화되었고 자연스럽게 마을의 분위기와 정서는 긍정적으로 바뀌기 시작했습니다. 이런 움직임을 응원하고 마을이 보존되길 원하는 사람들의 염원이 모아져서 이러한 벽화마을이 살아남고 유지되는 원동력이 되지 않았나 생각합니다. 이런 마을은 아이들에게 예술과 협력의 아름다운 결과를 있는 그대로 보여주고 이해시킬 수 있는 여행지입니다. 현재 전국적으로 100여 개가 넘는 벽화마을이 있고 이 책에서도 몇몇 벽화마을을 소개하고 있는데요, 이런 벽화마을의 트렌드를 주도한 통영 동피랑 마을을 소개하려고 합니다.

아름다운 자연으로 유명한 통영에 자리잡은 어느 산골 마을에 벽화가 그려지기 시작하면서 이곳은 야외미술관이 되었습니다. 통영을 여행하러 온 이들에겐 동피랑 마을의 야외 미술관 산책코스는 이미 중요한 여행 코스 중 하나로 자리 잡혀 있습니다. 동피랑 마을은 벽화마을의 연고지라 할 수 있을 만큼 상당히 상징적인 의미가 있는 곳인데요, 마을 위로 올라가면서는 벽화를 감상할 수 있고 마을 아래로는 가장 한국적인 남해 바다를 감상할 수가 있습니다.

본래 동피랑 마을은 조선시대 이순신 장군이 설치한 통제영 동포루가 있던 자리였습니다. 시에서는 이전의 동포루를 복원하면서 공원을 만들겠다는 도시계획을 세웠고, 계획에 따라 마을을 철거하려고 했습니다. 그러나 2007년, 시민단체가 공공미술의 기치를 들어 '동피랑 색칠하기 — 전국벽화공모전'을 열었고 전국의 미술대학 재학생과 개인 등 18개 팀을 꾸려 이곳에 벽화를 그리기 시작했습니다. 그 후 입소문을 타기 시작하면서 전국의 사람들이 모여들었고 이 마을을 보존하고 관광지로 개발하자는 여론이 생기기 시작하면서 모든 철거 계획은 철회되었고, 지금은 벽화마을의 모태로 자리잡게 되었습니다.

　우리나라에 생존과 공존을 위한 벽화마을의 시발점인 통영 동 피랑 마을에서 가족과 함께 따스한 햇살을 받으며 아름다운 경치를 만끽하는 여행을 하기 바랍니다. 이곳은 봄과 가을에 따스한 햇살을 맞으면서 산책하기에 좋은 여행지입니다.

33

대한민국 대표 사찰

경주 불국사

촬영팁 — 주변 경치를 담기 위해서는 광각렌즈가 필수로 필요하다. 촬영 포인트는 호수 중간에 있는 둥근 다리 위이다. 이곳에서 가족 등 단체사진을 찍으면 봄의 초록색과 함께 느낌이 좋은 사진을 담을 수 있다.

주소	문의	홈페이지	주변관광지
경상북도 경주시 진현동 15	054-746-9913	www.bulguksa.or.kr	석굴암 경주남산 통일전 서출지

경주 불국사는 수학여행지로 너무나 잘 알려져 있으며 누구나 한 번 이상 가 보거나 들어본 적이 있는 곳일 것입니다. 저 역시도 이곳을 자주 갔었다는 생각에 좀처럼 찾아가지 않던 곳인데 막상 이곳을 언제 갔는지를 생각해보니 10여 년이 훌쩍 지나버렸습니다. 제 또래의 독자들이라면 저와 비슷할 것이라고 생각합니다. 아마도 불국사를 분명히 가보기는 했지만 언제 갔었는지를 가만 생각해 보면 아주 오래 전에 다녀왔다는 사실에 새삼 놀라실 것입니다. 세월이 많이 흘렀으니 지금쯤 다시 한 번 아이들과 함께 우리의 역사를 탐방하는 불국사로 나서는 것은 어떨까요?

천년 고도의 경주는 참으로 많은 문화제가 남아 있는 곳인데 그 중에서도 단연 으뜸인 곳은 불국사입니다. 그렇게 오랜 세월을 견디어 오면서도 잘 보존되어 있는 우리의 문화유산이지요. 불국사 경내는 1995년, 세계문화유산목록에 등재되었으며 2009년에는 사적 제502호로 지정되었습니다. 불국사에 들르면 여러 건물과 다리, 탑 등이 여행자의 시선을 사로잡는데 그 중에서도 특히 가장 유명한 곳은 천 년 된 소나무가 우거진 곳 앞에 위치한 입구입니다. 돌로 만든 웅장한 건축물 위에 기와집 모양의 건축물이 있고 들어가는 입구는 총 3개로 되어 있습니다. 예전에는 이곳으로 입장을 할 수 있었지만 문화제의 보존 차원에서 이제는 돌아서 들어가야만 합니다.

불국사 하면 앞 마당의 풍경과 다보탑과 석가탑이 떠오를 텐데, 이곳을 둘러보는 것은 지금부터 시작입니다. 곳곳에 있는 작은 사찰과 건축물의 양식, 구조 등 당시 최고의 절이라고 칭할 정도로 멋진 곳이 바로 불국사이기 때문입니다. 불국사가 지어질 당시를 살펴보면 대웅전 25칸, 다보탑 · 석가탑 · 청운교(靑雲橋) · 백운교(白雲橋), 극락전 12칸, 무설전(無說殿) 32칸, 비로전(毘盧殿) 18칸 등을 비롯하여 무려 80여 종의 건물(약 2,000칸)이 있었다고 하니 지금 생각해봐도 그 규모가 어마어마합니다. 불국사에 가면 걷기 귀찮다는 생각을 버리고 구석구석을 둘러보아야 합니다. 그래야 참다운 신라의 멋을 마음껏 느낄 수가 있습니다. 그리고 우리 아이들에게는 대한민국의 가장 멋지고 유명한 절에 대한 이야기를 해주면서 산책을 하다 보면 신라에 대한 역사 공부가 저절로 될 것입니다.

불국사 관광을 마치면 석굴암도 함께 둘러 보는 것을 추천합니다. 예전에는 석굴암이 있는 곳까지 걸어서 올라가야 했으나 지금은 입구까지 차로 이동할 수 있어서 그리 힘들지 않게 석굴암까지 이동할 수 있습니다.

2. 호기심 많은 막내를 위한 탐방과 교육 여행

장난꾸러기 첫째를 위한
놀이와 체험 여행

34

한 번의 여행으로 세계 여행을 할 수 있는 마법의 여행지

제주 미니미니랜드

촬영팁 — 작은 모형을 실제 건축물처럼 촬영하려면 구도를 아래에서 잡아 아이들과 함께 촬영하면 더 웅장한 느낌을 살릴 수 있다.

주소	문의	이용안내	주변관광지
제주시 조천읍 비자림로 606번지	064-782-7720 www.jejuminiland.co.kr	08:30~18:00 하절기 19:30까지 동절기 17:30까지 성인 9,000원 청소년 7,000원 어린이 5,000원	에코랜드 산굼부리 제주절물 자연휴양림

　　세계의 유명한 여행지들을 모두 가볼 수 있다면 얼마나 좋을까요? 성인이 되어서도 누군가는 세계 여러 나라의 여행을 꿈 꾸기도 합니다. 그 꿈을 대신 이루어주기라도 하듯, 아이들의 눈높이에 맞는, 세계 유명한 건축물들을 한 자리에 모아 놓은 곳이 있습니다. 바로 제주도의 미니미니랜드인데요, 이곳에는 세계 여러 나라의 대표적인 건축물들을 축소해서 실물에 가깝게 만들어 놓아 관람할 수 있는 곳입니다. 아이들이 학교에 들어가게 되면 한국사 과목을 필수로 공부해야 하지만 세계의 역사까지도 함께 알아야 합니다. 꼭 시험을 위해서가 아니더라도 다른 나라의 다양한 문화들을 접하면서 대표적인 건축 양식이 무엇인지 아는 것은 상당히 의미 있는 일일 겁니다.

　　이곳에는 한국의 대표적인 건축양식은 물론이고 프랑스의 에펠탑, 일본의 오사카성 등 우리가 실제로 다른 나라를 가보지 않아도 너무나 유명한 건축물들을 한 자리에서 만날 수 있습니다. 이것만으로도 아이들에게는 참 좋은 체험과 공부가 될 수 있습니다. 그뿐 아니라 동화 속에 나오는 다양한 캐릭터와 주인공들과 공룡의 모형들까지도 볼 수 있습니다. 아이들에게는 다른 여러 나라의 문화적 체험은 물론 평소에 관심 있는 캐릭터들을 한 자리에서 볼 수 있는 즐거운 체험여행이 될 것입니다.

35

세상에서 가장 큰 공룡을 만나는

제주 공룡랜드

촬영팁 — 공룡과 아이를 함께 담을 때는 뒷배경이 흐릿하게 하는 아웃포커싱 기법으로 촬영하면 재미있는 사진을 남길
수 있다. 조리개는 밝은 것으로 한다.

주소	문의	이용안내	주변관광지
제주도 제주시 애월읍	064-746-3060	09:00~19:00	제주 경마공원
광령평화2길 1	www.jdpark.co.kr	하절기 20:00까지	프시케 월드
		동절기 18:00까지	
		성인 9,000원	
		청소년 7,000원	
		어린이 6,000원	

　　어린 시절, 남녀를 막론하고 공룡에 대해 관심이 없었던 사람은 거의 없었을 것입니다. 저 역시도 어렸을 때 가장 좋아했던 인형이 공룡이었습니다. 공룡의 본고장이라 하면 매년 공룡엑스포가 개최되며 공룡박물관도 있는 경남 고성을 들 수 있습니다. 하지만 고성은 서울에서 출발 했을 때 공룡만 보러 가기에는 조금 부담이 있는 거리입니다. 그래서 몇 년에 한 번이라도 휴양지로 찾게 되는 제주도의 공룡랜드를 소개할까 합니다. 이곳에서는 실제 크기의 공룡의 모습을 재현해 놓았기 때문에 작은 인형만 가지고 놀던 아이들에게는 평생 잊지 못할 공룡 여행지가 될 것입니다.

　　사실 저는 이곳을 여행하기 전 까지는 큰 기대를 하지 않았습니다. 아이들이 그저 좋아하던 공룡을 보여주기 위해 공룡랜드를 찾게 되었지요. 하지만 생각보다 많은 공룡들이 있어서 놀랐고 특히 실물 크기로 만든 세이스모사우르스는 너무 인상적이라서 아직도 기억에 많이 남아 있습니다. 이 외에도 다른 공룡들도 실제크기와 비슷하게 만든 모형들이 가득합니다. 저도 어릴 때 공룡을 무척이나 좋아하고 그와 관련된 영화를 보고 싶어하던 동심이 있어서 그런지 여기 여러 공룡들을 볼 때마다 어릴적 추억을 떠올릴 수 있었습니다.

　　공룡을 다 보고 난 다음에는 새를 볼 수 있습니다. 뿐만 아니라 공룡랜드 안에는 새에게 직접 모이를 줄 수 있는 체험장이 준비되어 있으며 조랑말을 타보거나 토이랜드, 미니보트, 3D입체영화관 등 아이들이 즐겁게 체험할 수 있는 놀이가 다채롭게 준비되어 있습니다.

　　제주도에는 아이들이 즐기며 체험할 수 있는 여행지가 많이 있습니다. 그 중에서도 대부분의 아이들이 좋아하는 공룡에 대한 이야기가 가득한 공룡랜드로의 여행을 추천해 드립니다.

3. 장난꾸러기 첫째를 위한 놀이와 체험 여행

36

온 세상이 유리로 덮인 동화 속 이야기

제주 유리의 성

촬영팁 — 일반 디지털카메라나 핸드폰으로도 어디서든 좋은 사진을 남길 수 있다. DSLR을 사용한다면 광각렌즈로 왜곡을 표현하여 재미있는 인물사진을 남겨보자.

주소	문의	이용안내	주변관광지
제주시 한경면	064-772-7777	09:00~19:00	생각하는 정원
녹차분재로 462	www.jejuglasscastle.com	성인 11,000원	오설록 티 뮤지엄
		청소년 9,000원	
		어린이 8,000원	

　　모든 것이 유리로 만들어진 세상을 생각해 본 적 있습니까? 일상에서 유리로 만든 것은 대부분 창문이나 유리컵처럼 제한적으로 떠올릴 수는 있겠지만 유리로 모든 것을 만든다는 것은 생각해보지 못했을 겁니다.

　　상상력이 풍부한 어린 아이들도 생각하지 못할 여행지를 소개합니다. 주변 사물과 장식품 등 모든 것을 유리로 만든 공간이 존재하는데, 정원도, 집도, 꽃도 모두 유리로 되어있는 제주도의 유리의 성입니다. 이곳에서 아이들은 정말 이색적인 체험을 할 수 있습니다.

　　유리의 성에 들어온 아이들은 동화 속에 나올 법한 이야기의 주인공이 되어보는 시간을 갖게 됩니다. 아이는 물론 어른들까지도 아름답고 희귀한 풍경에 빠져 시간 가는 줄도 모르고 여행을 했던 기억이 있습니다. 자연과 함께 장식되어 있는 유리의 숲에는 꽃도, 나무도, 모든 풍경이 신기하기 때문에 가족 모두가 좋아할 만한 장소입니다.

　　개인적으로 유리의 성에서 가장 인상 깊었던 것은 유리세공이었는데 직접 유리를 녹여서 가공하고, 또 원하는 모양으로 만드는 작업이었습니다. 정말 눈으로 보고 있었지만 믿을 수가 없을 정도로 신기하고 감탄스러운 광경이었습니다. 그렇게 해서 만들어진 유리조각들은 한 마리의 새가 되기도 하고, 말이 되기도 합니다. 뜨겁게 가해졌던 열이 점차 식으면서 이내 굳어버린 유리가 되었지만 그 안에는 마치 세공이 생명을 불어넣은 듯 한 기운이 들었습니다.

이렇게 상상속에서도 구현하기 힘든 모습과 작업들을 직접 아이들과 체험하고 즐길 수 있다는 점이 유리의 성의 장점인 듯 합니다. 이곳에서 보고 느낀 아이들은 물론 어른들에게도 더 풍부한 상상력을 갖게 해 줄 여행지입니다.

37

섬을 신나게 여행하는 방법

우도 ATV

촬영팁 — 우도의 아름다운 풍경은 광각계열의 렌즈로 촬영하는 것이 좋다. ATV를 타고 끝없이 펼쳐진 미지의섬을 사진으로도 마음껏 담을 수 있는 가장 좋은 기회다.

우도 ATV 렌트

우도 하이킹천국
제주도 제주시 우도면 연평리
2395-3
t. 064-782-5931

우도 보물섬레저
제주도 제주시 우도면 연평리
2427-3
t. 064-782-7744

우도 배편 확인
259 page

제주도는 상대적으로 위도가 낮고 사면이 바다로 둘러싸여 해양성기후를 나타냅니다. 겨울기온이 내륙보다 훨씬 높은 제주도는 우리나라 중에서도 관광자원이 가장 풍부한 여행지 중 한 곳이지요. 이 제주도에 가면 꼭 가봐야 할, 자연에 가까운 아름다운 섬 우도가 있습니다. 우도는 소가 누워서 머리를 빼꼼히 내밀고 있는것 같은 모양이라서 우도(牛島)라고 부르는데 우리나라에서 가장 아름다운 바다색을 띄고 있으며 보물같은 관광자원이 가능한 곳입니다.

이 우도를 여행하는 방법은 여러 가지가 있습니다. 제주도에서 렌트한 차를 배에 싣고 들어가는 방법이 있는가 하면 우도에 들어가서 버스를 이용해도 우도를 여행하는 데에는 크게 불편함이 없습니다. 하지만 페달을 밟는 자전거보다 편하고, 무난한 자동차로 여행하는 것보다 특별하게 추억을 남기고 싶은 가족에게 ATV(All Terrain Vehicle — 4륜 오토바이)로 여행하는 것을 추천해 드립니다.

저는 두 아이를 데리고 매년 3번씩 우도에 들어가는데, 그때마다 아이들이 가장 하고 싶어 하는 것이 바로 ATV 체험이었습니다. 가족을 4인 기준으로 보았을 때 엄마와 아빠가 각각 아이 한 명씩 짝지어 2대의 ATV만 대여하면 우도의 곳곳을 볼 수 있을뿐만 아니라 더 신나게 여행을 할 수가 있습니다.

몇 년 전만 하더라도 우도에서 대여하는 스쿠터와 자전거, ATV와 바이크들은 정찰제가 아니었기 때문에 성수기는 말할 것도 없이 부르는 게 가격이었지요. 그러나 이제 우도에는 이런 일련의 탈 것들에 대한 가격이 동일하게 정찰제로 운영되고 있습니다. 그래서 ATV를 대여해 주는 곳은 어디서나 같은 가격에 대여를 할 수가 있습니다.

ATV를 대여 했다면 이제는 신나게 달릴 차례입니다. 우도 곳곳을 빠짐없이 돌아 구경하면서 사진도 찍고 넉넉하게 두 시간을 잡고 여행을 하다 보면 우도를 모두 돌아볼 수 있습니다. 우도에는 홍조단괴로 이루어진 서빈백사를 비롯하여 톨칸이 해변, 검멀레 해수욕장, 하고수동 해

수욕장, 탑다니 등대, 우도의 또 다른 섬 비양도, 우도봉 등 볼만한 여행지
들을 ATV만 있으면 자유롭게 돌아다닐 수 있습니다. 그래서 우도를 도는
여행 방법으로 이 ATV를 추천합니다. 단지 체험만이 아니라 우도의 바람
을 직접 맞으면서 재미있게 즐기는 방법이면서, 우도의 아름다움 또한 놓
치지 않고 볼 수 있답니다.

38

자연을 타고, 자연을 달리는

우도 승마체험

촬영팁 — 이곳은 사진도 좋지만 캠코더를 준비하는 것이 더 좋다. 영상으로 아이가 말을 타는 모습도 남기고, 사진으로
는 풍경을 시원하게 담으면서 말과 인물을 한번에 담아주는 것이 좋다.

우도 승마체험장

앨리샤 승마체험장
제주도 우도면 연평리 2467
t. 010-9380-1451

우도봉 승마
우도봉 입구에는 많은 승마
체험장이 있음

우도 배편 확인
259 page

제주도로 여행을 간다고 하면 누구나 한 번쯤 푸른 초원을 말과 함께 달리는 승마체험을 해보고 싶어할 것입니다. 어린 아이들도 쉽게 승마체험을 할 수 있기 때문에 가족 여행 코스로도 제격인 우도 승마체험 여행을 소개해 드리고자 합니다.

하지만 제주도로 여행을 갈 때면 '승마체험을 우도에 가서 하자'는 계획을 세워서 가는 사람은 거의 없을 것입니다. 제주도 곳곳에서 승마체험을 할 수 있는 곳이 많이 있기 때문에 굳이 우도에서 할 필요성을 느끼지 못하기 때문이지요. 그렇지만 단순히 돈을 주고 말을 타는 것이 아닌, 탁 트인 바다를 바라보며 승마체험을 할 수 있는 우도에만 있는 즐거움입니다.

대게 승마체험을 하는 가격은 거품이 많이 들어가 있다는 소문 때문에 승마체험의 인식이 약간 부정적인 견해도 많이 있지만, 우도의 승마체험은 꼭 그렇지만은 않았습니다. 평소에 말을 접할 기회가 거의 없기 때문에 유별나게 겁이 많은 아이를 제외하고는 말을 신기하게 보면서 만져보기도 하고, 직접 타보려 하는 것이 일반적인 아이들의 반응입니다. 보통 아이들은 처음엔 조금 경계를 하면서 무서워하는 듯 했지만, 비교적 순한 우도의 말들과 금새 친해지더니 신나게 탈 수 있었고 덕분에 더 없이 좋은 체험을 할 수 있을 것입니다.

우도의 승마 체험장은 우도봉 앞의 넓은 초원에 있는 것과 서빈백사에서 항구까지 조금 걸어가다 보면 다른 한 곳이 있습니다. 두 군데 모두 만족스러운 체험을 할 수 있을 텐데요. 사람이 붐비는 것이 싫다면 서빈백사에서, 가까우면서 넓은 초원을 가로지르고 싶다면 우도봉으로 가면 됩니다.

승마 체험을 하며 말 타는 것이 차츰 익숙해지면 더 빠르게 달리기도 하는데, 말이 뛰기 시작하면 조금 긴장이 될 수도 있겠지만 조련사가 옆에서 함께 달리기 때문에 그리 위험하지 않습니다. 제 아이는 승마 체험을 하고 나더니 말을 타는 것이 꿈이 되어 버릴 정도로 즐거워했습니다.

아직 승마 체험을 해 본적이 없다면 이번 여행, 우도의 승마 체험을 꼭 한번 추천해 드리고 싶습니다. 유쾌한 웃음과 상쾌한 마음으로 우리 가족의 힐링 여행이 될 테니까요.

39

한 여름의 무더위를 한 방에 날리는 스포츠

가평 수상레저

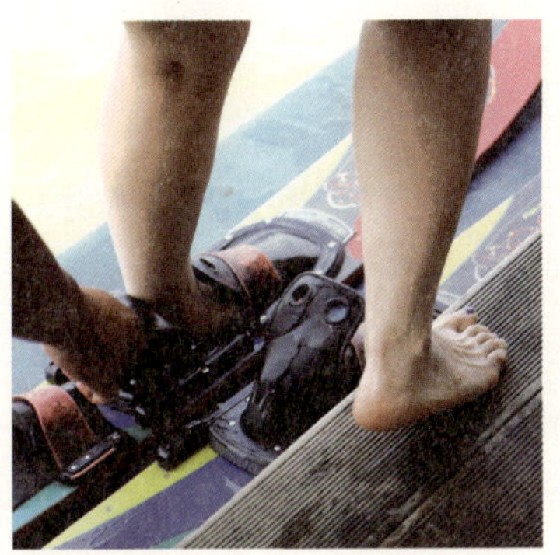

촬영팁 — 수상스키나 웨이크보드를 타는 등 역동적인 모습을 사진에 담기 위해서는 망원렌즈가 반드시 필요하다.

주소	문의	이용안내	주변관광지
경기도 가평군 청평면 삼화리 607-2 — 북한강변에 많은 수상레저가 있음	031-584-9854	보트·바이퍼·플라이피쉬 20,000원~25,000원 수상스키·웨이크보드 초급+교육 (2회) 60,000원 중급·상급 (1회) 20,000원	청평 자연휴양림 아침고요수목원 남이섬

한 여름의 온도는 날이 갈수록 점점 올라가는 것 같습니다. 우리나라도 이제 아열대 기후에 속하는 나라가 되지 않을까 생각되는데요, 찜통같은 더위를 한 방에 날려 보낼 수 있는 수상스포츠를 소개하려합니다.

여름철이면, 서울에서 남이섬쪽으로 북한강 길을 따라 가다 보면 곳곳에서 수상레저를 즐기는 사람들을 많이 볼 수 있습니다. 시원하게 물살을 가르면서 웨이크보드를 타는 사람들이 굉장히 많은데, 아마 도심에서 평범하게 직장생활을 하는 어른들이나 학교를 다니는 아이들에게는 다른 나라의 이야기처럼 낯설게 보일 수도 있습니다.

이미 서양에서는 웨이크보드나 수상스키가 취미생활로 즐길 만큼 국민 스포츠로 자리잡혀 있습니다. 예전에 우리나라에서도 돈이 많아야 할 수 있는 스포츠로 알고 있었지만, 우리의 문화생활 수준도 점차 올라가면서 계절 스포츠인 스키나 수상레저가 취미생활로 자리를 잡아 가고 있습니다. 그렇기에 온 가족이 더위를 한 방에 해결 할 수 있는 좋은 여행 중에 이보다 좋은 것은 없을 것입니다. 온 가족이 함께 보트를 타며 짜릿하면서도 신나는 경험을 하기 바랍니다.

그런데 땅콩보트나 바이퍼는 너무 어린 아이들은 탈 수가 없고 최소한 초등학생은 되어야 탈 수가 있습니다. 저는 아이와 보트를 타고 난 후에 혼자 웨이크보드를 처음 도전해 봤습니다. 타기 전에 충분히 강습을 받고 교육을 받았지만 실제로 웨이크보드는 무척 힘들었습니다. 처음에는 물도 많이 먹었지만 타다 보니 조금씩 익숙해지니 실제로 운동이 되기도 하고, 스스로 즐긴다는 마음에 점차 성취감도 느낄 수 있었습니다.

올 여름, 가족과 함께 시원한 여름을 보낼 수 있는 수상레저에 도전해 보세요. 배우면서 즐기고, 즐기면서 웃을 수 있는 짜릿한 여행이 기다리고 있을 것입니다.

3. 장난꾸러기 첫째를 위한 놀이와 체험 여행

40

잊지 못할 아름다운 낭만 여행

정동진 요트투어

촬영팁 — 온 가족이 함께 잊지못할 추억을 남길 수 있는 여행이기 때문에 스마트폰이든 디카든 상관없이 사진으로 남기는 것이 좋다. 정동진의 일출을 본다면 200mm 이상의 망원렌즈를 지참해야 한다.

주소	문의	이용안내	주변관광지
강원도 강릉시 강동면	033-610-7000	<u>일반투어 50분</u>	썬크루즈 리조트
정동진리	www.esuncruise.com	08:00~17:00	해돋이공원
		성인 60,000원	조각공원
		어린이 40,000원	정동진 해변가
		<u>단독투어 30·60·90분</u>	
		홈페이지 참조	

보통 요트 하면 상류계층의 사람들이 즐기는 문화로 인식되어 있습니다. 사실 과거에도 그랬고, 저 또한 그렇게 느끼고 있었지요. 그 때문인지 지금도 요트를 탄다는 것은 엄두가 잘 나지 않지만 점차 요트가 대중화 되어 가는 것을 느낄 수 있습니다. 서울이나 부산을 비롯하여 목포, 제주도 등 요트 체험을 할 수 있는 곳이 많이 생겨나기도 하고 그만큼 대중에게 더욱 가까이 다가가는 문화 체험으로 자리잡게 되는듯 합니다.

이런 요트투어를 할 수 있는 곳 중에서 정동진에 있는 요트여

행을 소개해 드립니다. 정동진 하면 낭만적인 기차여행이 가장 먼저 떠오릅니다. 그런데 막상 정동진역에 도착해서 해변가를 거닐다 보면 뭔지 모를 허전함을 느끼게 됩니다. 특히 아이들은 백사장에서 모래성만 만들고 가기에는 부족할 수밖에 없습니다. 그래서 하나의 이벤트로 요트 체험을 해 보는 것이 어떨까 합니다.

정동진에는 아주 큰 배로 된 썬크루즈 리조트가 있고 바닷가에도 배 모양의 건축물이 있는데 바닷가에 있는 곳이 바로 요트를 탈 수 있는 곳입니다. 보통 요트는 비쌀 것이라는 인식이 있지요. 하지만 정동진에서는 썬크루즈 리조트에 숙박하는 고객이면 1인당 3만원, 어린이는 2만원으로 요트투어를 할 수가 있습니다. 4인 가족을 기준으로 10만원이면 평소에는 생각할 수도 없는 요트투어를 여행의 한 추억으로 남길 수 있는 셈이지요. 이 정도 가격이 비싸다면 비싸겠지만 저희 가족이 요트를 타 보니 가격만큼의 좋은 체험을 했다는 생각을 하게 되었습니다. 가족단위나 연인까지도 낭만적이면서 럭셔리한 요트를 이용하면 좋을 추억을 남길 수 있습니다.

정동진의 아름다운 바다는 물론, 늘 육지에서 바라보던 정동진의 풍경과는 사뭇 다른 느낌을 가지게 하는 요트투어, 이번 여름에 한 번 타 보는 것은 어떨까요?

여유롭게 다양한 동물들과 인사하기

진주 진양호 동물원

촬영팁 — 동물을 상세하게 담고 싶다면 화각이 큰 렌즈를 가지고 가는 것이 좋다. 동물원 바로 옆에 작은 규모의 놀이동산도 있고 일몰을 볼 수 있는 곳도 있기 때문에 망원계열의 렌즈도 추천한다.

주소	문의	이용안내	주변관광지
경남 진주시 판문로84	055-749-2514	09:00~18:00	진주성
		동절기 17:00까지	진주남강 유등축제
		성인 1,000원	진양호
		청소년 800원	
		어린이 500원	

　　봄이나 가을이 되면 대부분의 사람들은 꽃이나 단풍을 보러 여행을 간다는 고정관념을 가지고 있습니다. 저 역시도 많은 여행지를 다니기 전까지 그런 고정 관념에 사로잡혀 있었지요. 그런데 봄이나 가을에 즐겨찾게 되는 산은 부부가 함께 단 둘이 간다거나 아이들이 컸을 때는 가능하지만 갓난 아이나 항상 돌봄이 필요한 아이들이 있을 때는 좀처럼 가기 힘든 여행지가 될 수도 있습니다.

　　그래서 아이들이 있는 가족여행으로 가는 곳 중에서 봄과 가을에 갈 수 있는 곳이 어디가 있을지 고민해보니 동물원이나 놀이공원을 생각하게 됐습니다. 하지만 동물원이나 놀이공원은 날씨가 좋은 날이나 주말이면 사람이 가득 차기 마련이지요. 그런데 진주의 진양호 동물원은 그런 편견을 말끔히 해소해 주는 여행지입니다. 이곳은 서울이나 수도권의 동물원과는 다른 여러 차별성을 두고 있습니다.

　　첫째로 여유롭게 동물들을 관람할 수 있습니다. 이곳은 주말에 가더라도 사람이 그리 붐비지 않는 것은 큰 장점인 듯 합니다. 보통 수도권의 놀이동산이나 동물원에 가면 동물 구경을 온 건지 사람 구경을 온 건지 모를 정도이고 놀이공원의 기구 하나 타려면 몇 시간씩 줄을 서야 하는 등의 번거로움이 있습니다. 하지만 진양호 동물원은 사람에게 치이지 않고도 아이들이 즐길 수 있는 진주랜드가 바로 옆에 있기 때문에 동물원은 물론 놀이공원까지 넉넉하고 여유롭게 즐길 수 있습니다.

둘째로 자연친화적입니다. 일본의 '오사카' 옆에 있는 도시 중에 '나라'라는 도시가 있는데 이곳이 관광지로 유명해진 이유는 바로 동물 때문인데요, 풀어놓은 사슴을 사람들이 가서 직접 만져도 보고 먹이를 줄 수 있는 자연친화적인 시스템을 적용하여 이름난 관광지가 된 곳입니다. 그와 비슷하게 진양호 동물원도 위험하지 않은 특정 동물들은 만질 수 있고 직접 먹이를 줄 수도 있습니다.

셋째로 공짜와 같은 입장료입니다. 어른 1인 기준에 천 원의 입장료를 내는 것은 거의 공짜나 다름이 없습니다.

가을에는 신록이 우거지고 낙엽이 하나 둘 떨어지는 거리를 산책도 할 수 있는 진양호 동물원에서 아이들은 동물원 관람은 물론 놀이동산까지 함께 이용할 수 있습니다. 진주랜드도 거의 전세를 내다시피 놀이기구를 탈 수 있어 아이들에게는 안성 맞춤의 여행이 될 것입니다.

42

양들과 함께 떠나는 유럽여행

대관령 양떼목장

촬영팁 — 시기에 따라 사진의 포인트는 극명하게 나뉘어진다. 가을에 초원의 푸르름을 담고 양들의 한가로운 모습을 담기 위해서는 망원렌즈와 표준렌즈가 적당하고 겨울의 눈이 쌓인 백색의 풍경을 담기 위해서는 광각렌즈가 좋다.

주소	문의	이용안내	주변관광지
강원도 평창군 대관령면 대관령마루길 483-32	033-335-1966 www.yangtte.co.kr	09:00~18:00 동절기 17:00까지 성인 4,000원 어린이 3,500원	삼양목장 국립대관령 자연휴양림

대관령은 사계절이 뚜렷하게 나타나는 여행지입니다. 겨울에 가면 날씨는 많이 춥지만 하얀 설경을 만날 수 있어서 개인적으로는 겨울의 대관령을 좋아합니다. 하지만 가족여행으로 가족이 함께 간다면 추운 겨울보다는 선선한 바람이 불기 시작하는 가을에 가면 단풍이 들기 시작하는 산 중턱과 맑은 공기를 모두 만날 수 있습니다.

양떼목장의 양들은 넓은 평야에 한가롭게 풀을 뜯어 먹기도 하고, 세상 걱정없이 휴식을 취하고 있습니다. '저 푸른 초원 위에, 그림 같은 집을 짓고'의 노래 가사처럼 유유자적하게 살고 싶은 마음을 갖게 하는 양들의 모습은 유럽에서나 볼 수 있는 이국적 풍경을 자아냅니다.

산자락의 길을 걸으며 넓게 펼쳐진 초원의 느낌을 만끽 할 수 있는 이곳은 자칭 대한민국의 알프스입니다. 어린 아이를 동반하거나 유모차를 끌고 오는 가족들에게도 오르막과 내리막이 있다는 것뿐 길은 아주 좋은 편이라 충분히 이동 할 수 있습니다. 양떼목장에 나있는 산책길로 그 주변을 크게 한 바퀴 돌고 나면 울타리 안에 있는 양들에게 직접 풀을 줄 차례입니다. 아이들도 양들에게 직접 먹이를 주는 체험을 할 수 있는데요, 보통 아이들은 동화책이나 만화에서만 보던 양들을 직접 보는 것만으로도 신기해 하는데 이렇게 직접 먹이를 줄 수 있어서 이 체험을 상당히 좋아합니다. 그리고 여행을 다녀와서도 오래도록 이곳에 대한 기억을 되짚어보게 되지요. 푸른 초원과 양떼들, 그리고 직접 먹이를 줄 수 있는 체험까지.

양을 쉽게 볼 수 없는 우리나라에서 양떼목장을 한 바퀴 돌고 양들을 보고 있노라면, 답답했던 가슴이 뚫리기도 하고 자연과 동물에 대한 관심과 사랑이 커질 수 있는 계기도 됩니다. 부담없이 가족들과 오손도손 산책길을 걸으며 맑은 공기까지 느낄 수도 있는 우리나라의 아름다운 여행지입니다.

43

증기기관차도 타고, 레일바이크도 타고

곡성 기차마을

촬영팁 — 아웃포커싱으로 가을의 코스모스를 배경으로 가족을 사진에 담아보자. 촬영포인트는 레일바이크의 기찻길과 코스모스를 함께 담는 곳이다.

주소	문의	이용안내	주변관광지
전남 곡성군 오곡면	061-363-9900~1	09:00~18:00	도림사와 도림계곡
오지리 기차마을로 232-1	www.gstrain.co.kr	성인 3,000원	심청이마을
		어린이 2,000원	태안사

코스모스와 장미, 기차와 레일바이크, 아이들의 놀이동산까지, 다양한 볼거리와 탈 것을 갖추고 있기 때문에 곡성 기차마을은 특히 가을에 여행하기 가장 좋은 곳입니다. 기차마을에 들어서면 전체적으로 공원의 느낌이 듭니다. 두 개의 입구가 있는데 하나는 정문이고 다른 하나는 드라마 세트장으로 들어가는 입구입니다. 정문으로 들어가면 먼저 만나는 곳이 1004 장미공원으로, 보통 장미는 늦은 여름에 피어나지만 이곳은 시기를 조절하여 가을이 시작될 때쯤 장미가 만개하도록 하고 있습니다. 그리고 이곳에는 한 가족이 탈 수 있는 레일바이크가 있습니다. 레일의 길이는 그렇게 길지 않지만 온 가족이 꽃 길과 함께 레일바이크의 추억을 남기기에는 더 없이 좋은 장소입니다. 가을이면 레일이 움직이는 동선에 코스모스 길이 있어서 코스모스를 보며 원 없이 달리는 진풍경을 연출합니다.

레일바이크를 타고 나면 공원의 아기자기한 모습을 둘러볼 차례입니다. 공원 안에는 구경 할 곳이 참 많은데요, 코스모스 군락이 형성되어 있는 곳도 있고 아이들이 놀이기구를 탈 수 있는 곳도 있습니다. 이렇

게 체험도 하고 놀이동산에 온 기분도 즐기면서 장미와 코스모스 등 모든 것을 한 번에 해결할 수 있는 곳이 곡성의 기차마을입니다.

또한 공원 안에는 옛 증기기관차의 모습을 고스란히 재현해 놓은 곳이 있으며 기차 안의 모습도 그대로 보존해 놓아서 아이들에게는 새로운 경험을 할 수 있습니다. 실제로 이 증기기관차를 타볼 수도 있습니다. 간이역에서 표를 끊고 기다리면 40분 정도 소요되어 2개의 역을 거치고 중간에 내려서 다시 레일바이크로 왔던 길을 되돌아 갈 수 있습니다. 이 때의 레일바이크는 공원 안에서 타는 레일 바이크와 비교해서 레일 길이가 훨씬 길기 때문에 어린 아이를 동반한 여행이라면 좀 무리가 될 수도 있으니 참고하기 바랍니다.

가을의 곡성 기차마을로의 여행은 이렇게 기차에 대한 체험도 할 수 있고 꽃과 놀이동산까지 즐거운 추억으로 쌓을 수 있는 곳입니다. 가을에 곡성 기차마을의 여행을 놓치지 말고 꼭 가보기 바랍니다.

44

눈이 잘 내리지 않는 남부지방의 눈썰매와 온천여행

창녕 부곡 하와이

촬영팁 — 눈썰매를 타는 아이를 담기 위해서는 망원렌즈가 꼭 필요하다. 최소 200mm 정도의 망원이 있어야 아이의 역동적인 모습을 담을 수 있다.

주소	문의	이용안내	주변관광지
경남 창녕군 부곡면 온천중앙로 77	055-536-6331 www.bugokhawaii.co.kr	10:00~18:00 성인 13,000원 어린이 8,000원	부곡온천 우포늪

　　부곡 하와이는 30~40년 전, 많은 사람들이 주로 신혼여행을 가던 여행지입니다. 지금도 온천 중에서는 물이 정말 좋은 곳으로 유명한 곳이지요. 하지만 부곡 하와이의 온천을 소개할려는 것은 아닙니다. 물론 이곳도 여행지로는 손색이 없지만, 아이들을 위한 여행으로 이곳의 눈썰매장을 권해드립니다.

　　우리나라의 남부지방은 겨울에 눈이 거의 오지 않기 때문에 눈싸움이나 눈썰매를 즐길 만한 장소가 거의 없지만 이곳 부곡 하와이에서 만큼은 언제든지 가능합니다. 눈썰매장을 이용하기 전에는 얼음으로 만든 조각품들을 볼 수 있는데요. 모든 것이 얼음으로 만들어진 세상이라 생각하면 됩니다. 얼음으로 만든 미로에서 빠져 나오기도 하고 특히 제 아이가 가장 재미있어 하던 얼음 미끄럼틀은 몇 번이나 탔는지 모르겠습니다.

　　얼음으로 만든 성을 다 구경하고, 본격적으로 눈썰매를 타러

갈 차례입니다. 적당히 완만하면서 길게 형성되어 있는 눈썰매장은 아이들이 안전하고 재미있게 탈 수 있게 되어있습니다. 이곳의 특징으로는 튜브를 타고 내려오는 것과 사람이 그렇게 많지 않기 때문에 오래 기다리지 않고 눈썰매를 즐길 수 있다는 것입니다. 지치지 않고 썰매를 타고 내려오는 아이들에게는 썰매천국과도 같은 곳이지요. 튜브를 타고 내려오기 때문에 더 안전하고, 특히 아이들의 몸이 튜브 위에 떠있어서 눈이 옷 속으로 들어가지 않았던 것이 저는 가장 좋았습니다.

눈썰매 외에도 이곳에는 눈으로 만든 동산이 있어서 에스키모족이 되어보기도 하고 눈싸움도 할 수가 있었습니다. 눈이라면 사족을 못쓰는 제 아이는 정말 지치지 않는 체력을 갖고 있다는 것을 이곳에서 확인 할 수 있었지요. 이뿐만 아니라 아이들이 즐겁게 놀 수 있는 작은 놀이동산도 있습니다. 이곳 역시도 줄이 많지 않아 기다릴 필요가 없으며 놀이기구를 타는 아이들은 그간의 소원풀이라도 하듯이 마음껏 뛰어 노는 하루를 보냈습니다. 온종일 얼음과 눈밭, 놀이공원에서 시간을 보내고 저녁에는 따뜻한 온천욕으로 피로를 풀며 알찬 여행의 하루를 마무리 하기 바랍니다.

45

물놀이와 온천을 즐기는 만능 휴양지

제천 해브나인힐링스파

촬영팁 — 수증기가 많기 때문에 카메라를 가지고 들어간다면 방수용 팩을 꼭 착용하고 들어가야 한다.

주소	문의	이용안내	주변관광지
충북 제천시 백운면	043-649-6014	주중 09:00~18:00	금월봉 휴게소
금봉로 365	www.resomforest.com	주말·휴일 09:00~20:00	청풍문화제 단지
		<u>종일권</u> 대인 48,000원	드라마 '왕건' 촬영지
		소인 36,000원	청풍호
		<u>오후권</u> 대인 33,000원	
		소인 25,000원	

　　겨울이 되면 뜨거운 물에 몸을 담그기 위해 많은 사람들이 온천을 찾습니다. 저도 겨울엔 꼭 한 번 이상은 온천을 찾아 가족과 오붓한 시간을 보내지요. 그런데 한 가지 알아두면 좋은 정보가 있어 알려드릴까 합니다.

　　국내에는 많은 온천이 있지만 남탕과 여탕으로 구분되어 있는 곳이 많아 여행은 같이 갔지만 온천욕을 즐기는 시간이 되면 '남녀칠세부동석' 같이 가족임에도 따로 보내야 하는 온천욕이 다반사입니다. 그렇기 때문에 집에 아들이 많으면 아빠가 온천욕 가기를 꺼려하고, 딸이 많으면 엄마가 온천욕 가기를 꺼려하는 것이 온천여행의 시작점이지요.

　　그런데 온천 안에 워터파크와 힐링스파, 수영장 등 여러 가지가 복합적으로 이루어지면서, 온 가족이 함께 즐길 수 있는 공간이 있다고 하면 어떻습니까? 충북 제천에 '리솜포레스트'라는 리조트 안에는 복합형 힐링스파가 있어서 수영복을 입고 입장하기 때문에 온천뿐만 아니라 앞서

말한 모든 것을 다 할 수가 있습니다.

　　온천 안에서 테이블에 편하게 앉아 이야기도 하고 테마별로 나누어 있는 탕과 수영장, 그리고 아이들이 뛰어 놀 수 있는 워터파크까지 결합된 그야말로 퓨전 만능 휴양지가 아닐까 합니다.

　　대부분의 아이들은 워터파크에서 노는 것을 좋아하는데 물이 깊지 않기 때문에 아이들끼리 신나게 놀 수도 있고 어른들은 자신의 몸 상태를 측정하여 사상체질을 판별한 후에 그에 맞는 탕에 들어가 자연 치유를 할 수 있는 것도 여행지로서 큰 매력으로 다가옵니다. 단, 초등학교 입학 전의 아이가 있다면 워터파크보다는 부모님과 함께 다니거나 나이에 맞는 물놀이 장소를 찾아 노는 것을 추천합니다. 해브나인 힐링스파는 누구나 올 수 있는 여행지이지만, 숙박시설은 회원제로 운영되기 때문에 이 점은 미리 알아두고 여행하기 바랍니다.

46

아이들이 마음껏 뛰어 놀 수 있는

경주 보문관광단지

촬영팁 — 가을의 청명함과 아이들을 함께 담을 수 있는 최상의 여행지다. CPL 필터를 착용하고 하늘을 담으면 정말 멋진 가을 풍경을 담을 수 있다. 촬영포인트는 나무와 호수를 배경으로 가족사진을 남기는 것이다.

주소	문의	홈페이지	주변관광지
경북 경주시 신평동	054-745-7711	guide.gyeongju.go.kr	경주 세계 문화 엑스포공원 경주월드

경주 보문단지는 봄에 많은 사람들이 벚꽃을 보러 오기로 유명한 여행지입니다. 전국에서 벚꽃이 가장 좋고 수려하기로 유명하기 때문에 여행객들의 많은 사랑을 받곤 합니다. 그런데 봄의 보문단지도 볼거리가 많이 있지만, 저는 가을에 떠나는 보문단지를 소개해 드릴까 합니다.

이곳을 가을에 오면 우선 푸른 자연과 청명함이 우리를 반겨 줍니다. 특히 아이들은 아이들 전용 자동차를 빌릴 수가 있는데요, 아이들은 시간이 가는 줄도 모르고 신나게 놀 수 있어서 저희 가족은 가을이 되면 항상 보문단지를 방문하곤 합니다. 아이들이 타는 미니 자동차는 부모님 신분증과 만 원을 내면 1시간 정도 탈 수 있습니다. 미니 자동차를 타기에 아직 어린 아이들은 자동차 모형을 빌릴 수도 있습니다.

경주 보문단지의 가을은 그야말로 청명함이 오래 지속되는 곳입니다. 오리배도 타고 산책도 즐길 수 있어서 많은 이들에게 사랑 받는 여행지이지요. 경주를 봄에 찾는다면 엄청난 인파 때문에 도로 위에는

차가 멈춰 서있고, 거리에서는 사람들에게 치이기 일쑤인데, 가을에 경주로 여행간다면 한층 더 여유롭고 풍요롭다는 것을 느낄 수 있습니다. 이 풍요로움을 보문단지에서 넉넉하게 즐기면서 가을의 청명함을 맞이할 것을 추천합니다.

경주 보문관광단지 안에는 많은 관광지가 형성되어 있습니다. 큰 물레방아가 있는 광장은 소소하고 아기자기하게 꾸며져 있고 테디베어박물관과 최근에 생긴 경주 동궁원이 있습니다. 동궁원의 버드파크에는 넓은 식물원과 살아있는 새들을 보고 직접 먹이도 줄 수 있어서 좋은 체험 나들이가 될 수 있습니다. 동궁원의 각 전시장들과 경주 보문단지를 한 눈에 내려다 볼 수 있는 전망대에 올라가 보는 것도 좋은 추억이 될 것입니다. 보문 호수점에는 우리나라에서 유일하게 좌식으로 되어있는 커피 전문점이 있어서 색다른 경험을 할 수가 있습니다.

이렇듯 경주에는 보문단지를 비롯한 주변의 다양한 볼거리들로 가득합니다. 봄에는 벚꽃을 보러 많은 분들이 다녀가겠지만 개인적으로 봄보다는 낙엽이 떨어지는 가을에 방문하여 다양하게 즐길 수 있는 여행을 경험하시기 바랍니다.

47

명화 속 주인공이 되어보는 이색 경험

제주 트릭아트 뮤지엄

촬영팁 — 실내 사진 촬영이 실외보다 더 어려운 것이 사실이다. 스트로브를 가지고 갔다고 해도 천장이 흰색이 아니라 바운스도 안 된다. 직광으로 찍기도 쉽지 않은데, 그렇다고 플래시도 터트리지 않고 찍으면 사진이 흔들리고 어둡게 나올 것이다. 최근에 출시된 신형 카메라로 노이즈를 잘 잡아서 찍으면 밝게 나올 것이다. 단 렌즈는 무조건 조리개 밝은 것으로 가져가야 한다.

주소	**문의**	**이용안내**	**주변관광지**
제주도 서귀포시 표선면 번영로 2644	064-787-8774 www.trickart.co.kr	09:00~19:00 성인 8,000원 청소년 7,000원 어린이 6,000원	성읍민속마을 제주랜드

　　전국에 '트릭아트 뮤지엄'이라는 미술관이 우후죽순으로 많이 생겨나기 시작해서인지 '체험형 미술관'은 어렵지 않게 찾아 관람할 수 있게 되었습니다. 이 중에서 우리나라에 가장 처음 생겨난 체험형 미술관을 소개하려고 합니다. 저희 아이들이 좋아하는 여행지 중의 한 곳인 제주도의 트릭아트 뮤지엄입니다.

　　이곳엔 부부나 연인끼리 가도 좋지만, 가족들이 함께 하면 더욱 즐거운 체험이 될 수 있습니다. 만약 한 커플의 부부나 연인이 간다면 각자의 사진을 찍어 줄 수는 있지만 함께 트릭아트를 배경삼아 사진으로 추억을 담을 수 없기 때문에 3명 이상의 가족이나 단체가 가는 것이 더 재미있는 추억을 만들게 합니다.

　　이곳은 일종의 착시 현상을 체험할 수 있어서 그림만 놓고 사람이 그림에 맞추어 움직였을 때 사진을 찍으면 우스꽝스러운 상황을 연출할 수가 있습니다. 일반적인 미술관처럼 관람만 하는 곳이 아니라 명화 속에 자신이 직접 뛰어들어 새로운 그림의 한 폭으로 남겨질 수 있는 곳입니다.

이곳을 가기 위해서 일부러 제주도를 찾지는 않지만, 제주도에 가면 자주 들러보는 곳입니다. 특히 아이들이 장난치며 창의적인 배경과 그에 맞는 모습을 보여 주는 여행지로, 온 가족이 함께 여행할 것을 추천합니다. 여러 명화들을 보며 체험할 수 있어서 그림에 대한 이해도 쉽게 할 수 있고 한 번 본 그림을 잘 잊어버리지도 않는 것 같아 교육에도 좋습니다. 미술 공부하러 멀리 해외로 갈 필요가 없습니다. 조용히 관람만 해야 하는 거룩한 미술관에 가서 아이들은 뛰지도 못하고 하고 감상하기만을 강요할 필요도 없습니다. 아이들에겐 그림을 놀이로 만날 수 있으니, 이런 곳에 가는 것이 아이들에겐 최고의 선물이겠지요.

그림을 보고 밖으로 나오면 아프리카 사파리에 온 것 마냥 많은 동물들을 만날 수 있는데, 실물 모양의 동물들을 보는 재미도 쏠쏠합니다.

48

어둠을 밝히는 아름다운 축제

진주 남강 유등 축제

촬영팁 — 이곳은 야경이 아름다운 곳이다. 야경을 찍기 위해서는 삼각대는 필수이다. 다리 위에서 밑을 내려다 보고 찍으면 아름다운 야경을 담을 수 있다. 유등축제의 개막식과 폐막식에는 불꽃놀이도 함께 하는데, 남강의 유등과 함께 아름답게 수 놓는 불꽃을 담는 재미도 있다. 사람들이 너무 많아서 삼각대를 놓을 장소를 잘 선택해야 한다는 점도 잊지 말아야 한다.

주소	문의	홈페이지	주변관광지
경남 진주시 진주대로 988	055-761-9111	www.yudeung.com	진주성 진주동물원 촉석루 망진산

우리나라에는 축제가 참 많습니다. 지역 특산물을 홍보하기 위한 축제, 그 지역의 위인이나 소설의 주인공을 주제로 삼은 축제, 절기와 시절에 맞는 연례 행사로서의 축제 등 이름 뿐만 아니라 다양한 볼거리와 즐길거리, 먹을거리가 가득한 축제가 사시사철 열리지요. 그 중에서도 특히 가을이 되면 전국 각지에서 열리는 축제는 절정을 이룹니다.

이제는 별의 별 축제까지 제목을 만들어 내어서 지역을 홍보하고자 하는 노력이 많이 있는데, 아주 좋은 일이긴 하지만 그에 반해 볼거리는 없는 축제가 무분별하게 생겨나 축제라는 이름만 남발되는 것은 아닌지 하는 조심스러운 면도 있습니다.

그래서 그런 가을 축제 중에서도 완전히 자리를 잡고 전국적으로 대규모 행사가 된 곳이 있어 소개해 드리고자 합니다. 바로 경남 진주에서 매년 가을에 열리는 '유등 축제'가 바로 그것인데요, 경남에서 열리는 가을축제에 이렇게 사람들이 많이 몰리는 곳은 단연 이곳이 최고일 것입니다. 진주는 논개의 고장이고 진주성이 남강을 끼고 있는 곳입니다. 그 주변에서 유등을 밝히고 강에 등을 띄우는 행사를 하는데, 가지각색의 조형물들이 불을 환하게 밝히면서 개막식에는 불꽃놀이까지 함께 어우러지는 축제입니다.

진주 '유등 축제'하면 보통 저녁에 어둠이 깔리고 나서 이루어집니다. 그런데 낮에 가서 이곳을 천천히 감상해도 아주 좋습니다. 진주성을 한 바퀴 둘러보고 축제 준비 중인 행사장을 보면 기대감에 한껏 부풀어 오르게 되지요. 그러다가 저녁이 되면 유등에 불이 켜지며 남강을 화려하게 수놓는데, 밝게 빛나는 조명들과 함께 강가를 걷게 되면 '참으로 아름다운 곳이구나'라는 생각이 저절로 들 것입니다.

이곳은 남강에 떠 있는 유등을 배경으로 가족과 촬영하면서 좋은 추억을 남길 수 있는 여행지입니다. 서부 경남 여행을 하면서 가을의 축제에 흠뻑 빠져보는 것은 어떨까요?

49

예쁜 조명 아래 빛나는 성탄의 밤

부산 광복로 크리스마스 축제

촬영팁 — 사람이 많아서 삼각대를 놓고 사진 찍기가 참 힘든 곳 중의 하나이다. 개인적으로는 최신 바디와 밝은 조리개를 가진 렌즈를 가지고 삼각대 없이 촬영할 것을 권한다.

주소	문의	홈페이지	주변관광지
부산시 중구 광복로 68	051-256-1225	bctf.kr	자갈치시장
			용두산공원
			태종대
			남포동

　　연말 연시가 되면 사람들의 마음은 새해를 맞이한다는 생각에 들뜨고 설레지요. 한 해의 마무리가 잘 되고 다가오는 새해에는 더 좋은 날들이 기다리고 있을 것이라는 막연한 기대와 희망 때문일 수도 있을 것입니다. 게다가 연말이 되면 모두의 축제로 여겨지는 크리스마스가 기다리고 있습니다. 추운 겨울, 몸은 춥지만 마음만은 따뜻하고 즐거운 크리스마스 축제를 보내고 싶은 것은 누구나 마찬가지일 것입니다.

　　그런데 이러한 바람을 이루고 싶어서인지 매년 크리스마스가 되면 평범하던 부산의 광복로는 크리스마스 축제의 장으로 변하게 됩니다. 낮에는 용두산 공원을 산책하고 밤에는 크리스마스 불빛과 함께 거리를 거니는 것이 좋습니다. 화려하게 반짝이는 네온사인 덕분에 기분이 한층 업그레이드 되는 곳 중의 하나이지요.

　　거리를 걷다 보면 이곳이 바로 부산이구나 하는 느낌이 들게 됩니다. 곳곳에서 들려오는 남부지방의 사투리와 억센 발음이 여기가 부산임을 확인시켜 주기 때문입니다. 중간중간에 부산에서 유명한 씨앗호떡을 사 먹기도 하고 화려한 네온사인을 배경으로 사진을 찍어보기도 하고, 쇼핑몰에 들어가서 이것저것 구경도 해 보기도 하는 보고, 듣고, 쇼핑하는 재미가 쏠쏠한 곳입니다.

또한 크리스마스가 다가오면 거리의 곳곳에서 작은 공연이 펼쳐집니다. 거리공연이 서울의 홍대에서만 있는 것이 아닌 부산의 광복로에도 있다는 사실을 몸소 느끼실 수 있습니다. 공연은 대부분 크리스마스와 관련된 아이들의 귀여운 공연이거나 가수들이 나와서 아름다운 선율을 들려주는 작은 음악회가 열리곤 합니다. 거리에는 비교적 사람이 많지만 차와 사람이 다니는 곳을 분리해 놓아서 아이들이 안전하게 거리를 걸어다닐 수 있습니다. 광복로 바로 옆으로 용두산 공원에 올라가는 에스컬레이터가 있습니다. 공원에 올라가서 부산 시내를 한 눈에 내려다 보는 것 또한 좋은 추억으로 남길 수 있습니다.

매년 12월이 되면 크리스마스의 분위기를 가장 잘 느낄 수 있는 곳인 광복로에서 가족과 함께 축제에 동참하여 웃을 수 있다는 것은 상상만으로도 즐거운 일일 것입니다.

50

역대 대통령들의 별장

청원 청남대

촬영팁 — 대통령의 별장답게 건물 안에 들어가면 촬영의 제한을 받는다. 산책길을 걸으면서 역대 대통령들의 동상과 함께 추억을 남기는 것이 좋다.

주소	문의	홈페이지	주변관광지
충북 청원군 문의면 청남대길 646	043-220-6412	chnam.cb21.net	대청댐 물홍보관

별장이라 하면 경치가 좋은 곳이나 인적이 드문, 한적한 곳에 집을 짓고 쉬고 싶을 때 찾아가 휴식을 즐기는 곳이지요. 그러다 보니 왠지 숨겨져 있어야 할 것 같고 아무도 모르는 외딴 곳이라는 이미지가 강했습니다. 그래서인지 누군가의 별장이라고 하면 한 번쯤은 방문하고 싶은 호기심을 갖게 되는 것 같습니다.

충북 청원군에 가면 역대 대통령들의 별장을 만날 수 있습니다. 남쪽 지방에 위치한 청와대라 하여 청남대라는 이름이 붙여졌습니다. 원래는 대통령과 관련된 고위직의 위원들만 이용하고 방문할 수 있었던 곳이었는데 고 노무현 전 대통령 시절에 완전히 개방되어 지금은 대한민국 국민이라면 누구나 탐방할 수 있는 장소로 바뀌었습니다. 그 당시에 개방이 되어 그런지는 몰라도 이곳은 고 노무현 전 대통령의 흔적이 많이 남아 있습니다.

　　이곳은 차를 가지고 직접 들어갈 수는 없고 매표소를 지나 셔틀버스를 타고 들어가야 합니다. 입구에서부터 산책로를 따라 걸으면 호수를 옆에 둔 메타세쿼이아 길을 걷게 되는데 대통령의 별장이 있는 곳이라 그런지 다른 가로수길과 다르게 차분했습니다. 산책로에는 역대 대통령들의 동상이 세워져 있고 지난 날의 대통령들이 그러했듯이 그들의 표현을 가장 잘 나타내는 느낌으로 중간중간에 서 있습니다.

　　아이들은 우리나라의 지난 역대 대통령에 대해 이름은 한 번쯤 들어 보았을지 모르지만 어떻게 생겼는지, 어떤 업적을 이루었는지 거의 알지 못합니다. 그런 아이들에게 이곳은 역대 대통령들을 아주 친근하게 만날 수 있는 여행지입니다. 아이와 산책길을 걸으며 역대 대통령의 모형과 악수를 하기도 하고 그 분들의 이야기를 들려주다 보면 말로만 하는 학습 교실이 아니라 직접 눈으로 보고, 듣고, 느끼는 체험학습을 실현할 수 있습니다.

　　대통령 동상들이 한 자리에 있는 곳에 도착하면 독일, 중국, 미국 등 각 나라를 대표하는 건축물들의 벽화들도 있어서 세계 탐방의 의미도 되새겨 볼 수 있습니다.

　　이곳에 남아 있는 것은 역대 대통령의 동상일 뿐이지만, 그들을 직접 체험한다는 측면에선 아이들에게 오래도록 기억될 만한 여행이 될 것입니다.

쉬고 싶은 아빠를 위한 스트레스 제로 여행

51

아빠가 태어나고 자란 곳으로 떠나는 여행

마산 용마산

촬영팁 — 꽃무릇은 햇볕이 강한 곳보다 그늘이 진 곳에 잘 자란다. 그래서 밝은 렌즈를 착용하고 느낌을 담아야 한다. 단렌즈가 가장 적격인 듯한데, 망원계열의 단렌즈는 지양하고 50mm정도의 단렌즈를 가지고 사진을 찍는다면 좋은 사진이 될 것이다.

주소	주변관광지
경남 창원시 마산합포구 산호동 247	봉암갯벌 생태학습장 돝섬 무학산

고향 얘기를 좀 해볼까요? 전 아이들과의 주말여행 코스에 제 고향을 넣어두었습니다. 제 고향은 경남 마산의 산호동입니다. 태어나기는 부산 영도에서 태어났지만 3개월 정도 있다가 산호동에 와서 대학을 가기 전까지 살았습니다. 제 고향인 마산에 가면 뒷산의 언덕 같은 아주 자그마한 산이 하나가 있는데, 그 산이 바로 용마산입니다. 용마산은 등반로가 잘 정비되어 있어 남녀노소 누구나 할 것 없이 어렵지 않게 산 정상에 도달할 수가 있습니다.

아이들과 함께 이곳을 자주 찾는 이유는, 제 고향인 이유도 있지만 꽃이 너무 아름답게 피기 때문입니다. 특히 가을이 되면 용마산에는 꽃무릇이 활짝 피는데요. 약 4만여 송이의 꽃무릇이 만개를 하여 우리나라의 꽃무릇으로 유명한 선운사, 용천사 못지 않는 대군락지를 형성합니다. 마산에 근 20년 가까이 살았는데도 이 사실을 몰랐는데, 알고 보니 이곳은 2008년도부터 우리마을 가꾸기 사업의 일환으로 꽃무릇을 심었고 지금의 군락지를 이루게 되었다고 합니다.

산의 등산로를 따라 아이들 키만한 꽃무릇이 피어 있는데 그 모습이 참으로 아름답습니다. 아이들과 손잡고 어렵지 않게 정상을 올라갈 수 있는 용마산. 정상에 가면 나무 데크가 있고 마산 시내를 한 눈에 담을 수 있습니다. 나무 데크에는 집에서 싸온 도시락을 먹는 등산객과 처음 이곳을 찾은 관람객이 함께 모여 있습니다. '목포는 항구다'라는 노래가사처럼 마산 역시 어시장과 함께 바다 항구의 역사를 가지고 있어, 정상에 선 모든 사람들은 눈 앞에 펼쳐진 바다와 사방으로 보이는 도시를 지켜보며 일상의 피곤함을 털어내 봅니다. 여러분도 자신의 고향으로 가족들을 데리고 가보세요. 아이들에게 "이 학교가 아버지가 다녔던 초등학교란다. 중학교란다. 이곳은 아버지가 좋아했던 길이었단다." 등의 이야기를 하다 보면 아이들과의 관계가 더욱 가까워져 있을 것입니다.

일부러 찾기에 거리가 멀다면, 경상도 여행길에 하루쯤 시간을 내어 잠시 이곳 마산에 들러 보는 것을 추천합니다. 가벼운 산책을 하기 위해서는 어느 계절이나 무관하지만 꽃무릇이 만개하는 장관을 보시고 싶다면, 9월 중순에서 말 사이에 찾아볼 것을 권합니다.

52

봄의 화려함과 야경이 멋진

경주 안압지

촬영팁 — 안압지의 야경은 반영을 담는 것이 포인트이다. 시간이 지날수록 노출의 편차가 심해지기 때문에 LCD창을 확인하면서 촬영을 하고 표준줌도 좋지만 30mm정도의 단렌즈로 더욱 멋진 야경을 담을 수 있다. 삼각대는 필수로 지참한다.

주소	문의	홈페이지	주변관광지
경북 경주시 인왕동 일대	054-779-8585	guide.gyeongju.go.kr	반월성
			경주국립박물관
			보문관광단지
			대릉원

경주는 신라 역사의 본고장임과 동시에 봄 여행지의 대표적인 여행지로 알려져 있습니다. 도심 곳곳에서 만나는 왕릉, 마을마다 이어진 전통 한옥, 시내 여기저기에서 불쑥불쑥 만나게 되는 신라시대의 각가지 유물과 유적, 특히 70~80년대에 학창시절을 보내신 분들에게는 수학여행하면 반드시 떠오르는 곳 중에 한 곳이지요.

봄이 무르익을 4월쯤이 되면 경주를 찾는 인파가 엄청나게 몰립니다. 낮에는 벚꽃 구경과 보문단지 주변 등 다양한 곳을 돌아보게 되는데 저녁 식사를 하고 난 뒤에는 조금 무료하게 될 수도 있습니다. 이런 때는 산책 등이 제격인데 막상 도시를 벗어 나서 저녁에 산책할 수 있는 곳을 찾으려고 하면 마땅한 대안이 떠오르지 않게 됩니다. 그럴 때 가장 추천해 드리고 싶은 곳이 바로 안압지입니다.

안압지는 낮의 풍경도 나무랄 데 없이 정말 예쁘지만 저녁의 풍경이 더욱 멋진 곳으로 유명하고, 경주의 문화재 중에서도 유일하게 밤에도 운영을 하는 곳입니다. 신라시대 왕족들의 유희를 위해 건설한, 나름 사치스러운 이 곳은 호수가 특히 멋이 있지요. 이곳의 역사를 잠시 살

펴보면 못을 파고 산을 만들어 화초를 기르고 꾸몄다고 전해집니다. 그러므로 이곳은 자연이 만들어낸 천연 호수가 아니라 사람이 직접 만든 인공 호수가 되는 셈입니다.

　현재는, 과거 신라시대의 안압지의 형태로 복원하는 공사가 한창입니다. 이곳에 들어서면 유리로 된 조형도가 나오는데 건물과 건물 사이로 길게 이어진 목조 건물의 통로는 그 당시의 화려했던 건물을 떠오르게 합니다. 만약 그 옛날의 모습으로 재건이 완성된다면 또 하나의 랜드마크가 되지 않을까 하는 생각이 들 정도입니다.

　저녁에는 야경을 감상하는 산책로로 활용이 되지만 봄에 가면 예쁜 산수유와 벚꽃을 만날 수 있고 반영 사진을 담을 수 있는 특혜도 누릴 수 있습니다. 가을에는 붉은 단풍들로 레드카펫을 연상케 하는 길이 되어 걷는 사람이 마치 영화의 주인공이 된 것 같은 설렘을 주기도 한답니다. 아이들은 스케치북과 연필을 가지고 와서 그림을 그리기에 딱 좋은 곳인데요. 우리나라의 오랜 역사를 한 장의 그림으로 남길 수 있는 기회의 장도 되어 줄 것입니다.

53

숨겨진 우리의 전통을 찾아서

산청 남사 예담촌

촬영팁 — 광각렌즈를 활용하면 고택의 전반적인 느낌을 담을 수 있다. 맑은 날, 고택과 하늘을 담기에 정말로 좋은 풍경을 연출하며, '개구쟁이 길' 끝에 위치한 유채꽃 밭에서는 아이들과의 아름다운 추억을 남기기에 좋다.

주소	문의	홈페이지	주변관광지
경남 산청군 단성면 지리산대로2919번길 7-13	055-972-7107	yedam.go2vil.org	황매산 구형왕릉 덕양전 백운계곡

　　각박한 도심에서 늘 틀에 박힌 똑같은 생활을 지속하다 보면 한 번쯤은 옛 선인들의 여유로움과 한가로움을 만나고 싶을 때가 있을 것입니다. 그러한 마음이 들 때 갈 수 있는 여행지가 바로 경남 산청의 남사 예담촌입니다.

　　경북 안동에 하회마을이 있다면, 경남 산청에는 남사 예담촌이 있지요. 지리산 자락에 위치한 남사 예담촌은 전통 가옥의 원형이 그대로 잘 보존되어 있어 고풍스러우면서도 멋스러운 옛모습을 잘 간직하고 있습니다. 성주 '이'가(家), 밀양 '박'가(家), 진양 '하'가(家)가 주류를 이루는 이곳은, 많은 선비들이 과거시험에 급제했다는 소문이 자자할 정도로 학자를 많이 배출한 곳이기도 합니다. 보통 이런 전통 가옥으로 유명한 마을에 가면 온통 시멘트로 덮이거나 다시 재건축되어 사람이 살지 않는 마을들이 되어버리곤 하는데 이곳은 실제로 그 명맥을 유지하면서도 대대로 사람이 살고 있는, 순수한 전통마을입니다.

　　　　전국을 여행하면서 평소에 잘 몰랐던 지역을 탐방하는 것은 여행가를 아주 설레게 하는 일입니다. 그런 의미에서 큰 기대를 하지 않고 우연히 찾은 이 작은 마을에 처음 발을 내디뎠을 때, 마치 미지의 세계에 들어선 것 같은, 색다른 느낌을 받았습니다. 마을 초입부터 보이는 전통 한옥은 그 옛날 우리 선조들의 삶과 정서 등이 고스란히 느껴졌고 고택을 보며 아이들은 오래 전 우리나라의 문화를 가장 순수하게 받아들일 수 있는 소중한 시간이 되었습니다.

　　　　옛날 골목의 오래된 전통가옥을 따라 걸어 들어가는 느낌은 마치 시간여행을 하는 듯 옛 추억을 떠오르게 하니 기분까지 좋아집니다. 현대인들이 도시에서는 흔히 느낄 수 없는 기분이지요. 남사 예담촌에는 특히 돌담 길이 유명합니다. 일률적으로 똑같은 높이의 돌담이 아니라 높낮이가 자연스럽게 높거나 낮아 옛 모습 그대로 잘 보존되어 더 유명해진 듯 합니다.

　　　　마을 오른편에는 하천이 흐르고 다리를 건너면 사당이 보입니다. 약간 언덕이 있는 이곳을 오르게 되면 남사 예담촌이 한 눈에 내려다보이는, 탁 트인 전망을 감상할 수 있습니다. 사당 옆에 있는 작은 연못은 옛 건축물에서나 느낄 수 있는, 고즈넉한 분위기의 깊은 인상을 전해줍니다. 하천을 따라 조금 내려가면 '개구쟁이 길'이 길지 않게 나있는데 봄에 나무로 만들어진 다리를 건너가면 다리 끝자락에 유채꽃이 피어있는 멋진 풍경도 만날 수 있습니다.

　　　　가족여행을 하면서 아이들에게 우리의 멋을 보여주고 자연친화적인 느낌을 가장 많이 보여줄 수 있는 곳으로 추천해 드리고 싶습니다. 경남 산청을 들릴 일이 있으면 꼭 한번 이곳을 찾아보길 권장합니다.

54

서울에서 체험할 수 있는 전통가옥 역사탐방

남산골 한옥마을

촬영팁 — 다채로운 문화행사가 많이 열리는 곳이다. 망원계열의 렌즈와 표준렌즈를 함께 챙기고 고택을 담을 때는 표준렌즈를, 행사장의 사람을 사람을 담을 때는 망원렌즈가 좋다.

주소	문의	이용안내	주변관광지
서울시 중구 퇴계로 34길 28	02-2264-4412 hanokmaeul.seoul.go.kr	09:00~21:00 동절기 20:00까지 화요일 휴무	남산타워 명동성당

현대식 구조물의 가옥에서 살다 보면 생활은 편리하고 편안할 수 있지만 우리네 전통 가옥에서 느낄 수 있는 정서나 건강함, 정갈함과 포근함 등이 그리울 때가 가끔 있지요. 그럴 때 찾아보고 싶은 곳이 전통 마을인데, 수도권에서 우리 아이들이 옛 문화를 탐방하고 경험할 수 있는, 마땅한 전통마을을 찾는 것은 그리 쉽지 않습니다. 대부분 차를 타고 몇 시간 이동을 해야 전통마을을 만날 수 있지요. 경복궁과 덕수궁 등과 같은 옛날 왕들이 살던 궁이 도심 곳곳에 있긴 하지만 서민들이 살던 느낌 그대로의 돌담 길을 걷고 싶다면 남산골 한옥마을을 꼭 한 번 찾아가 보기 바랍니다.

서울의 중심에 위치해 있으면서도 옛 문화와 생활상을 볼 수 있는 남산골 한옥마을은 1989년 '남산골의 제 모습 찾기 사업'의 일환으로 조성되었고 수도방위사령부 부지를 인수하여 한옥 5개 동을 이전 복원하여 만든 마을입니다. 그래서 사대부의 가옥에서부터 일반서민의 가옥에 이르기까지 당시의 생활상을 한 자리에서 볼 수 있습니다. 골목마다 사대

부의 가옥과 서민의 가옥 담장 높이가 다르게 조성되어 있어 옛 모습 그대로의 생활상을 여실히 보여주기도 합니다. 아이들에게는 옛 가옥에 대한 설명과 함께 지금은 잘 볼 수 없는 전통 놀이나 생활상 등을 체험 할 수 있는 멋진 교육의 장소입니다. 특히 주말이면 각종 체험과 다양한 공연이 활발하게 진행되며 우리의 옛 가락도 직접 느껴 볼 수도 있습니다.

이곳은 남산의 산세를 살려 우리나라 전통 나무를 심고, 계곡을 만들어 흐르는 물소리를 들을 수도 있습니다. 마을의 끝에는 오늘날의 물건들 600점을 담은 타임캡슐을 지하 15m에 매장한 곳도 있어 먼 훗날 우리 후손들이 지금 우리의 생활상을 잘 알려줄 수 있도록 하였습니다.

오랫동안 보지 못했던 가마솥 아궁이와 장독대, 대청마루와 청사초롱 등을 볼 수 있고, 다채로운 문화 행사인 연극, 놀이, 춤 등의 옛 문화를 접하고 체험할 수 있는 가족체험 한마당으로 추천하고 싶은 곳입니다.

4. 쉬고 싶은 아빠를 위한 스트레스 제로 여행

55

성춘향과 이몽룡의 향수가 느껴지는

남원 광한루

촬영팁 — 광각렌즈로 전체적인 분위기를 담는 것이 좋다. 특히 호수의 돌다리 위에 서서 인물 사진을 찍으면 제격인데 반영을 함께 담는 경우와 인물과 건물을 같이 담아주면 오랫동안 기억에 남는 좋은 추억거리를 만들 수 있을 것이다.

주소	문의	홈페이지	남원 축제 정보
전북 남원시 요천로 1447	063-625-4861	www.gwanghallu.or.kr	고로쇠약수제·허브축제· 바래봉·철쭉제·춘향제· 황산대첩제·삼동굿놀이· 뱀사골단풍제·흥부제

남원이라 하면 대표적으로 성춘향과 이몽룡을 떠올릴 것입니다. 남원은 춘향전의 본고장이지요. 봄이 되면 옛 도시와 산수유가 어우러진, 멋진 경치를 만날 수 있습니다. 광한루는 고전 『춘향전』의 배경이 된 곳입니다. 조선 중기 정면 5칸, 측면 4칸의 팔작지붕의 건물로서 보물 제281호로 지정된 곳입니다.

이곳의 유래를 잠시 살펴보면, 광한루는 조선 초기의 재상이었던 황희가 남원에 유배되었을 때 누각을 짓고 '광통루'라 부르기 시작하였는데 1434년, 이를 중건하고 정인지가 '광한청 허부'라 칭한 것이 오늘날 광한루라고 부르게 되었다고 합니다. 제가 국내 여행을 본격적으로 시작할 쯤에 이곳을 방문했었는데, 오직 언론이나 다른 매체 등을 통해 남원에 가면 '광한루'가 있다는 것만 알고 무작정 찾아 갔던 곳이었습니다. 그런데 이곳이 이렇게 아름답고 고즈넉한 풍경을 선사 해 줄 지는 당시에는 정말 몰랐습니다. 우리 아이들에게 옛 소설의 배경이 된 이곳에서 춘향이처럼 그네도 타고 이몽룡처럼 광한루에 올라가서 이런 저런 경치를 감상하고 있노라면 즐거운 추억도 만들고, 우리 아이들이 춘향전이라는 소설에 대해 더 잘 이해할 수 있는 기회가 되지 않을까 생각합니다.

　　봄 여행지로는 산수유나 벚꽃이 많이 피는 곳을 많은 분들이 찾게 되는데요, 그런 군락지가 형성되어 있는 곳도 좋겠지만 이렇게 옛 정취를 풍기면서 소설의 주인공이 되어보는 것도 꽤나 좋을 것입니다. 이번 봄에는 남원 광한루를 한번 방문 해 보는 것은 어떨까요?

56

밀양의 추억과 역사속으로

밀양 읍성, 영남루, 관아지

촬영팁 — 밀양읍성 꼭대기에 있는 정자가 촬영 포인트다. 밀양 시내가 한 눈에 내려다 보이며 그곳에서 밀양 시가지와 함께 가족들과의 추억을 남기면서 밀양의 경치도 감상하기에 좋다. 영남루의 야경을 볼 수 있다면 삼각대를 꼭 지참하고, 해가 지기 시작할 때의 파란 하늘과 함께 사진에 담아보자. 렌즈는 표준렌즈가 적당하다.

주소	**홈페이지**	**주변관광지**
경남 밀양시 내일동 39	tour.miryang.go.kr	시례 호박소
		월연정 풍경
		종남산 진달래

밀양의 대표적인 여행지를 소개하자면, 영남루만 소개해도 모자랄 테지만 이왕 밀양에 가게 된다면 영남루뿐만 아니라 밀양읍성, 밀양 관아지를 모두 돌아 더 효율적인 밀양 여행을 즐기기 바랍니다. 밀양읍성 바로 밑에 영남루가 위치해 있으며 멀지 않은 곳에 밀양 관아지가 있기 때문에 모두 둘러보기에 큰 어려움 없이 움직일 수 있습니다.

밀양읍성은 과거에 지방의 관청과 민가를 보호하기 위하여 만든 성인데, 왜구의 침입이 잦았던 곳이라 고려 말과 조선 초에 성을 짓게 되었습니다. 밀양읍성은 우리나라에 몇 개 남지 않은 읍성 중 하나로, 7만 5천여 m^2의 규모만 보더라도 군사 요충지였다는 것을 쉽게 알 수 있습니다. 그래서 지금도 읍성 위에 있는 정자에 올라가면 밀양 시내가 시원하게 보입니다. 밀양의 전체 풍경을 제대로 감상할 수 있는 것이지요.

읍성에서 조금 밑으로 내려가다 보면 밀양에서 제일 유명한 영남루를 만나게 됩니다. 우리나라 최고의 누각 중 하나로 여기는 영남루는 강물 위 높은 절벽에 지어져 멋진 풍경을 자아내고 건물의 보전 상태 또한 으뜸입니다. 드라마 '아랑사또'의 촬영지이기도 한 이곳은 한국 가요계의 3대 보물이라고 불리는 작곡가 박시춘 선생의 생가도 함께 있어서 자녀들과 함께 둘러보기에 좋습니다.

읍성에서 시장 길을 따라 5분 정도 걸으면 옛 관아의 모습을 그대로 보존한 밀양 관아지가 나옵니다. 관아지는 아주 특별하거나 대단한 건물로서 서 있는 것은 아니지만 과거 관공서의 모습을 지닌 관아에서 마을을 관할하던 사또가 어떠한 모습으로 마을 사람들을 다스렸고, 어떠한 모습으로 죄인들을 가두고 심문하였는지를 알 수 있습니다. 역사적인 자료인 동시에 드라마에서만 보던 곳을 우리의 아이들에게 보여 줄 수 있는 또 하나의 흥미로운 여행이 될 것입니다.

57

사계의 아름다운 풍경을 고스란히 보존하는

밀양 표충사

촬영팁 — 사찰에서는 스님과 함께 건물을 아웃포커싱으로 사진을 찍는다면 전체적인 풍경과 감성적인 느낌을 고스란히 남길 수 있다.

주소	문의	이용안내	주변관광지
경남 밀양시 단장면	055-352-1150	상시개방	영남루
구천리 31-2	www.pyochungsa.or.kr	성인 3,000원	위양못
		청소년 2,000원	얼음골
		어린이 1,500원	밀양댐

　　부산하게 하루 종일 일에 시달리다 보면 문득 잠시라도 머리를 식히며 쉬고 싶다는 생각이 들 때가 있을 것입니다. 아무 일도 하지 않고, 아무 수고도 하지 않으며 적막하리만치 고요한 곳을 찾아가 누구의 방해도 받지 않고 유유자적하며 마음껏 쉬고 싶다는 생각. 만약 그러한 마음이 조금이라도 들었다면 이번 가을, 사찰 여행을 한번 떠나는 것은 어떨까요?

　　가을여행은 산과 잘 어울립니다. 빨갛게 단풍이 물들어서 그렇기도 하지만 산의 고요한 풍경을 만나기에 아주 제격인 계절이어서 산을 많이 찾는 것 같습니다. 산에 있는 사찰들을 찾는 것은 여행의 참 묘미 중 하나입니다. 그곳에 가면 마음이 차분해짐과 동시에 우리나라 역사를 알 수 있는 고증의 장소이기도 하지요. 우리나라의 역사를 살펴보면, 사찰들이 한 번쯤은 전쟁과 내전을 통하여 불에 타서 없어지고 재건축 되기를 반복하여 지금의 사찰로 남아 있는 곳이 대부분입니다.

　　그 중 한 곳이 밀양에 있는 '표충사'라는 사찰입니다. 재약산의 정기를 받아 3면이 산으로 둘러 쌓인 사찰인데요, 개인적으로는 우리나라 3대 사찰이라는 통도사, 해인사, 송광사보다 더욱 멋진 풍광과 느낌을 선사하는 것 같습니다. 표충사 옆으로는 시원한 냇가가 흐르고 있어 여름 피서지로도 각광 받고 있지만 그보다는 이 사찰이 가진 역사적 사실을 알고 여행한다면 참 의미를 느낄 수 있을 것입니다. 원래 이 사찰은 원효대사가 654년(태종 무열왕) 창건한 죽림사를 신라 흥덕왕 때 황면이 재건하여 영정사로 개명한 사찰이었습니다. 이후 임진왜란 때 공을 세운 사명대사의 충혼을 기리기 위해 표충사라고 부르게 된 것입니다. 우리나라의 대부분 사찰이 산 속 깊은 곳에 위치하여 한참 걸어야 하는 곳들이 많지만 이곳은 부담 없이 가족이 나들이 하기에 딱 좋은 곳입니다. 모든 건물 하나하나를 둘러볼 수 있으며 사찰 입구에는 온 가족이 쉴 수 있는 휴식처와 아주 오래된 나무 길이 있어 산책하기에도 좋습니다.

　　재약산의 주변은 사계절 내내 아름다운 '영남 알프스의 풍광'이 펼쳐지기 때문에 간단한 산행을 즐기기에도 더 없이 좋은 곳입니다.

58

맑은 냇가와 돌다리가 인상적인 사찰

순천 송광사

촬영팁 — 이곳의 촬영 포인트는 입구에서 바로 왼쪽으로 보이는 돌다리와 사찰의 풍경이다. 이곳은 광각의 느낌이 좋은데 푸른 하늘과 함께 담으면 더욱 운치가 있다.

주소	문의	홈페이지	주변관광지
전남 순천시 송광면 송광사안길 100	061-755-0107	www.songgwangsa.org	선암사 낙안읍성 민속마을 순천정원박람회

우리나라의 삼대사찰을 삼보사찰이라고 부르는데 경상남도 양산의 통도사와 합천 가야산의 해인사, 그리고 전라남도 순천의 송광사를 가리킵니다. 그 중 순천의 송광사는 승보사찰이라고 하는데 이번에 소개할 여행지는 바로 그 송광사입니다.

순천의 대표적인 사찰은 역사가 아주 깊은 선암사와 송광사를 들 수 있습니다. 그 중에서 도착하였을 때 냇가의 돌다리가 무척 인상적이었던 송광사로 여행을 떠나보도록 하겠습니다.

송광사는 신라 말기에 지어져서 고려 인종 시대를 거쳐오면서 추가되고 약 180년 동안 16명의 국사를 배출 한 곳입니다. 매표소를 지나 들어가다 보면 계곡과 함께 울창한 숲으로 이어집니다. 맑은 공기를 마시며 200m 정도 걸어 올라가면 작은 입구가 보이고 사찰 안으로 들어서게 됩니다.

사찰 안에서부터 개울과 이어지는 돌다리가 아주 인상적인 곳으로 국내에 수많은 사찰이 있지만 가장 아름다운 풍경을 지닌 곳 중의 하나라고 할 수 있습니다. 사찰 안에는 여러 건물들이 있고 마당이 비교적 넓게 자리잡고 있습니다. 내부를 모두 다 둘러보는 데에는 보통 30분 정도가 소요되며 특히 가을에 산책 하기가 좋고 잔디가 있는 곳도 있어서 아이들이 뛰어 다니기에도 좋습니다.

순천에는 송광사나 선암사 중에 한 곳은 꼭 가봐야 한다는 말이 있습니다. 그런데 가족과의 여행지를 선택해야 한다면 송광사를 추천하고 싶습니다. 코스가 그리 길지 않아 어린 자녀가 있을 경우에도 부담이 없으며 코스는 짧지만 사찰과 함께 어우러진 풍광과 산세의 비경 등이 시선을 사로잡아 자연을 통한 힐링을 마음껏 느낄 수가 있기 때문입니다.

59

기암절벽에 매달린 보기드문 비경을 가진 사찰

산청 정취암

촬영팁 — 사찰 뒤로 나 있는 작은 길을 따라 올라가면 큰 바위 위로 가는 길이 있어 바위 위로 올라갈 수 있는데 죽은 나무 한 그루와 작은 돌탑 앞으로 정말 멋진 풍경이 연출된다. 촬영은 표준 렌즈가 적당하다.

주소	문의	홈페이지	주변관광지
경남 산청군 신등면 양전리 산78-1	055-972-3339	www.jeongchwiam.com	남사예담촌 황매산 조식선생 유적지 구형왕릉

　　많은 사람들이 찾는 유명한 여행지는 그 나름의 즐거움과 유쾌함이 다른 곳보다 뛰어나기 때문일 것입니다. 하지만 아는 사람이 적더라도 그 어느 곳 못지 않은 풍경과 의미를 지닌 곳이 있어 여유롭고 한가롭게, 편안하고 넉넉하게 다닐 수 있는 곳이 있는데 바로 그곳이 산청의 정취암입니다. 여행을 하는 사람의 입장에서는 금상첨화의 여행지이지요.

　　경남 산청은 국내 여행지 중에서도 잘 알려지지 않은 여행지 중의 하나입니다. 그나마 2013년도에 세계전통의약엑스포를 성공적으로 개최하여 산청이라는 도시가 여행지로서 부각되기도 했지만 그전까지만 해도 여행지로서는 거의 불모지나 다름 없었던 곳입니다.

　　이곳은 경남의 서부라는 지역적 특색에도 불구하고 산지가 많고 높아서 강원도를 연상시키는 고장이기도 합니다. 그래서 예로부터 산과 연관되는 곳도 많고 '산청의 산' 하면 알아주는 곳으로 통하는 곳이지요.

　　지금은 기암절벽에 지어진 정취암 주차장까지 차로 이동할 수 있기 때문에 쉽게 갈 수 있지만, 자동차가 없던 시절에는 어떻게 이런 높고도 험한 곳에 지었을지 의문이 들 정도입니다. 산세가 좋아서 그 경치는 말할 것도 없고 사찰 바로 위의 바위에 올라가면 꼬불꼬불한 도로와 함께

산청의 풍경을 한 눈에 볼 수 있어서 '산청의 경치를 보려면 정취암으로 오라'는 말이 있을 정도랍니다.

사찰 입구에는 아름다운 경치를 표현한 시 한 구절이 있습니다.

절암현정취　絶巖懸淨取
기암절벽 위에 매달린 정취암은

산천일망통　山川一望通
산천이 한 눈에 다 들어오고

만학백운기　萬壑白雲起
골짜기에 흰 구름 피어 오르는 곳

구문담진적　扣門淡塵跡
문을 두드리면 세상에서 찌든 마음 맑게 씻긴다.

이처럼 정취암은 봄이나 가을 중 언제 가도 좋은 곳입니다. 꽃들과 산뜻한 공기를 원한다면 봄에, 빨간 단풍과 청명한 하늘을 원한다면 가을에 가는 것이 좋습니다. 사찰을 등지고 크게 심호흡이라도 하면 대자연의 아름다운 경치와 뛰어난 경관이 하나가 되는 듯한, 몸과 마음이 힐링되는 듯한 여행지입니다.

60

산책길이 아름다운 마음의 안식처

울주 석남사

촬영팁 — 소나무숲을 한참 걸어 올라가야 석남사라는 절을 만날 수 있다. 가을에 여행을 가면 빨간 단풍과 바스락거리는 낙엽을 담을 수 있는데 조리개가 밝은 렌즈를 사용하면 더 감성적인 사진을 남길 수 있다.

주소	홈페이지	이용안내	주변관광지
울산시 울주군 삼북면 석남로 557	www.seoknamsa.or.kr	성인 1,700원 청소년 1,300원 어린이 1,000원	간월 자연 휴양림 언양 불고기단지 신불산 억세평원

　　회색빛 도시에 살다 보면 흙을 밟는 일조차 흔하지 않을 때가 많습니다. 어려운 일도 아닌데 가끔 하늘을 쳐다보며 잠시나마 여유를 느끼는 것도 만만치 않습니다. 이렇게 바쁜 생활 속에서 잠시나마 스스로를 되돌아보고 마음의 힐링을 원한다면 가족들과 함께 가을 나들이 한 번 계획 하는 것은 어떠신지요.

　　가을은 참 여행하기 좋은 계절입니다. 곡식이 여물고 단풍이

드리우며 날씨도 적당히 활동하기 좋기 때문에 너도나도 나들이를 즐기지 않나 생각합니다.

그러나 최근에는 여름이 길어지고 점점 아열대기후를 닮아가는 것 같아 내심 걱정입니다. 가을은 점점 짧아지고 겨울은 점점 더 빨리 찾아오는 듯 합니다. 짧게만 느껴지는 가을에 떠나는 가을 나들이는 산책과 유산소 운동, 그리고 우리의 역사 배우기를 함께 한다면 더 없이 좋을 텐데요, 울산 울주군에 위치한 석남사는 위의 조건을 모두 갖추었습니다.

석남사는 여승이 기거하는 산사답게 올라가는 산책길을 비롯한 곳곳에서 섬세함이 돋보입니다. 양산 통도사와 비슷하게 들어가는 길 양 옆으로는 소나무들이 뻗어 있습니다. 올라가다 보면 배추밭이 나오고 냇가도 만날 수 있습니다. 처음 입구에서부터 시작해서 계속 해서 물이 잠깐씩 보이는데 소나무에 가려져서 보이지 않다가 건물이 보이기 시작하면

본격적으로 큰 냇가를 만날 수 있습니다.

이제부터는 석남사라는 본연의 사찰을 만날 차례입니다. 대표적으로 보물 369호인 승탑과 삼층 석가 사리탑이 있고 그 주변에 대웅전을 비롯한 여러 건물들이 많은데 이곳을 둘러싸고 있는 돌담이 유독 눈에 들어왔습니다. 우리 선조들은 부유한 집에서는 높은 돌담을 쌓고, 가난한 집에서는 낮은 돌담을 유지했다고 하는데 사찰은 아마도 그 중간쯤인 것 같습니다. 이 돌담을 따라 한번 걸어보시는 것도 색다른 매력을 느낄 수 있을 듯 합니다.

석남사를 나오면 바로 가지산 자락을 만날 수 있는데 최근에는 오토 캠핑장으로 각광 받고 있는 곳입니다. 가지산 자락의 기운을 마음껏 누릴 수 있는 가을여행을 지금 한 번 나서보세요.

61

알려지지 않은 선조들의 유희공간을 탐방하다

경주 서출지와 무량사

촬영팁 — 밝은 조리개를 가진 렌즈를 추천한다. 인물사진은 서출지로 들어가는 입구의 은행나무들과 서출지 안에서의 단풍과 함께 찍으면 좋은 추억으로 남길 수 있다.

주소	문의	홈페이지	주변관광지
경북 경주시 남산1길 17 현각사	054-779-8743	guide.gyeongju.go.kr	통일전 경주남산 불국사

　　자주 가는 곳이나, 잘 아는 곳이라고 생각했던 곳 중에서도 문득 새롭게 보이는 장소를 발견할 때가 있습니다. 잘 알고 있다는 안일함 때문인지 그럴때면 더 새롭고 더 신선한 느낌을 받을 수 있는데 경주의 서출지와 무량사가 바로 그런 곳입니다.

　　역사의 산 증인이라고 할 수 있는 경주는 불국사, 석굴암 등 유네스코가 지정한 세계문화유산을 가지고 있어 여행객에게 끊임없이 사랑받는 여행지입니다. 한 번 가면 둘러볼 곳이 참 많은 지역이기도 하지요.

　　통일전에 가면 그 옆에 작은 호수가 하나 있는데 그 앞의 정자가 바로 서출지입니다. 경주에는 과거에 지체 높은 선비들이 정자를 지어 노닐던 곳이 현재까지도 남아 있는데, 안압지가 왕족들이 호수에 정자를 지어놓고 유희를 즐겼다고 한다면 서출지는 선비들이 유희를 즐기고 시를 읊었던 곳입니다.

　　삼국유사에 보면 이 연못은 인위적으로 꾸며진 곳이 아니라 자연적으로 생겨난 연못이라고 합니다. 연못 안에는 연꽃 등 각종 식물들이 많아서 많은 사진 작가들의 출사 여행지로도 아주 좋은 곳입니다. 특히 가을은 이곳을 가장 풍성하고 아름답게 하는데, 카메라를 가지고 그 풍광을 담으면 한 폭의 그림 같은 사진들이 연출됩니다. 사진 촬영으로 추억을 쌓고 난 뒤에는 그 옆에 있는 무량사를 둘러보셔도 아주 좋습니다.

　　무량사는 아주 작은 사찰이지만 연못과 함께 단아하고 고즈넉한 느낌을 주는 곳이라 마음까지 경건해집니다. 보통 통일전에 가면 신라 왕족의 위패만 보거나 그 앞의 은행나무 숲에서 사진만 몇 장 찍고 가는 경우가 허다한데요, 서출지와 무량사도 둘러보아 가을에 펼쳐지는 가장 아름다운 자태를 꼭 한번 만나기 바랍니다.

62

바닷가에 있는 이색적이고 풍광이 좋은 사찰

부산 해동용궁사

촬영팁 — 맑은 날 이곳을 찾아 여행하시는 것도 좋지만 바람이 많은 부는 날 ND 필터를 하나 가지고 파도가 치는 풍경을 담는 것이 좋다. 사찰과 바다의 전체적인 느낌을 담기 위해서는 왼쪽으로 나 있는 바위 위에 올라가서 전체를 담는 것이 포인트. 광각렌즈는 필수로 가져간다.

주소	문의	홈페이지	주변관광지
부산시 기장군 기장읍 용궁길 86	051-722-7744	www.yongkungsa.or.kr	해운대 해수욕장 미포선착장 누리마루

깊은 산 속, 고요함과 청명함으로 둘러싸인 산사의 운치도 그 윽하지만 바닷가 파도 소리와 맞닿은 사찰의 풍경도 나름 새롭고 신선한 여행의 경험을 선사해 줄 것입니다.

우리나라에 바다를 끼고 있는 사찰은 그리 많지 않습니다. 보 통 대부분의 사찰은 산에 있는 것이 일반적이지만 부산의 해동 용궁사는 특별히 바다 바로 앞에 있다는 것과 활기차고 잔치집 같은 분위기 때문인 지 더 가보고 싶은 호기심이 들게 합니다.

동해의 최남단에 위치한 해동 용궁사는 1376년 공민왕의 왕 사였던 나옹 대사가 창건한 사찰입니다. 이 사찰에는 참 재미있는 것이 많 은데 대표적으로 용궁사 들어가는 길에 있는 득남불이 있습니다. 득남불 의 배나 코를 쓰다듬으면 아들을 낳는다는 소문이 있습니다.

재미있는 불상들을 지나 안으로 들어가면 사찰이 보이기 시 작합니다. 사찰로 들어가는 길에는 다리가 하나 놓여져 있는데 이 다리 위 에서 동전을 물에 던지면 복을 받는다는 전설이 있어서 동전도 던져보았 습니다.

파도가 치는 바다에 외롭게 사찰이 있는 것이 참으로 신기하 게 느껴졌습니다. 처음 온 사람들은 우리나라에 이렇게 아름다운 사찰이 있었나 싶을 정도로 놀랄 것입니다. 사찰에 바로 들어가는 것도 좋으나 이 사찰은 조금 떨어진 곳에서 바라볼 때 그 진가를 발휘합니다. 멀지 않은 곳에 바위들이 있어서 바라볼 수 있는 곳이 마련되어 있는데요, 이곳에서 사진으로 추억을 남긴 후에 사찰에 들어가면 좋을 듯 합니다.

특이한 불상들과 전설을 가지고 있고 해안가에 위치해 있는, 좀처럼 보기 드문 해동 용궁사에 들러서 경치도 구경하고 특별한 경험도 추억으로 남기기 바랍니다.

63

가을의 꽃무릇 향기가 전해지는

고창 선운사

촬영팁 — 밝은 조리개를 가진 표준렌즈 하나면 된다. 특히 빛이 들기 시작하는 오전에 냇가에서 적당한 구도를 찾아 사람과 함께 담는다면 작품사진에 가깝게 담을 수 있다. 가을의 꽃무릇은 해가 뜰 때의 빛과 함께 담는 것이 포인트이다.

주소	문의	홈페이지	주변관광지
전북 고창군 아산면 선운사로 250	063-561-1422	www.seonunsa.org	고창 문수사 고인돌박물관 고창 청보리밭

여름 내내 더위에 시달리다가 가을의 청명한 하늘 아래 선선하고 기분 좋은 바람이 불기 시작하면 마음도 몸도 쉬고 싶은 생각이 들어 어디론가 훌쩍 떠나고 싶을 때가 종종 있습니다. 그런데 가을이 되면 수학여행을 온 학생들부터 시작해서 가을의 단풍과 청명한 하늘을 즐기기 위한 관광객들로 붐비기 마련입니다. 그래서 가을에 어느 여행지를 가든지 관광객들로 몸살을 앓고 있는 것이 사실입니다. 그래서 조금 더 한적한 곳으로 여행을 원하는 사람들이 많이 있지요. 지금 소개 해 드리는 전북 고창의 선운사에는 고요함과 한적함이 함께 있어서 가을의 기운을 만끽하기에 참 좋은 여행지가 될 것입니다.

선운사의 가을은 유난히 싱그럽고 아름답습니다. 어떻게 이렇게 아름다운 가을빛을 가질 수 있나 싶을 정도로 모든 것이 가을의 풍경을 연상케 합니다. 경치를 감상하며 계곡을 따라 계속 올라가다 보면 오랜 세월을 간직한 선운사를 만날 수 있습니다. 사찰은 오래된 역사를 자랑하듯 옛날 건물 그대로를 간직하고 있습니다.

입구에는 구름 다리가 하나 놓여져 있는데 이 구름 다리의 풍경이 그야말로 진풍경입니다. 구름 다리를 건너서 지나가는 이들의 모습을 담는 것도 오래도록 추억을 간직 할 수 있는 한 방법일 것입니다.

이곳에 가면 '도솔암'이라고 하는 암자와 우리나라에서 가장 큰 마애불상을 꼭 봐야 합니다. 선운사에서 산으로 올라가면 이곳을 만날 수 있는데 올라가는 길은 옛길과 아스팔트로 된 길이 있습니다. 개인적으로는 계곡을 따라 옛길로 올라가는 길을 추천합니다. 마애불상은 큰 암벽에 조각되어 있는 불상입니다. 보기만 해도 과연 그 오랜 세월을 어떻게 견디어 내었을까 하는 생각이 들 정도로 기이한 형상을 보여 줍니다.

　　도솔암은 산에 있는 암자의 이름인데 산 중턱에 있는 암자는
작은 사찰 하나만 덩그러니 있는 것이 보통이지만 이곳은 마애불상을 지
켜야해서 그런지 꽤나 큰 규모를 자랑하고 있었습니다.

　　가을이 무르익었을 때 선암사에 가면 꽃무릇도 볼 수 있습니
다. 하지만 이 때는 사람들이 너무 많을 수도 있기때문에 이 시기를 조금
피해서 여행을 떠나는 것이 좋을 것입니다.

64

소백산 기슭, 천태종의 총본산

단양 구인사

촬영팁 — 촬영 포인트는 계속 올라가면서 보이는 이색적인 조각품들이 전시되어 있는 곳이다. 그곳에서 밑을 내려다 보며 찍으면 전체적인 풍광을 담을 수 있다. 광각렌즈나 어안렌즈를 가지고 가면 다양한 사진을 찍을 수 있다.

주소	문의	홈페이지	주변관광지
충북 단양군 영춘면 구인사길 73	043-423-7100	www.guinsa.org	온달산성 온달동굴 남천계곡 고씨동굴

우리나라는 예부터 불교 문화와 유교 문화에 기초로 다져진 나라입니다. 신라시대부터 고려시대까지 불교를 국교로 하였으며 불교 행사가 많았던 시절이 있었지만 고려가 멸망하고 조선이 세워지면서 유교 문화가 뿌리를 내리게 되었죠. 그 후 조선은 억불숭유 정책을 펼쳤고 결국 사찰은 도성에서 벗어나 산으로 들어가 지금까지 있게 된 것입니다. 여타 종교와 마찬가지로 불교에도 종파가 있는데 사찰하면 조계종이 가장 먼저 생각날 정도로 거의 대부분 조계종에 본사를 두고 있습니다. 그런데 천태종이라고 들어 보셨습니까?

소백산에 이 천태종의 총본산인 구인사라는 사찰이 있는데 그 규모가 어마어마합니다. 처음에는 이곳이 사찰인지 일반 건물인지 헷갈릴 정도로 넓어 깜짝 놀랐습니다. 아마 우리나라에서 세 손가락 안에 들 정도의 규모일 듯 합니다. 건물 자체가 나무가 아닌 콘크리트로 지은 건물이 많아서 일반적으로 생각하는 사찰과는 조금 거리가 있을 수도 있습니다.

구인사에 도착하면 주차장에 차를 세운 다음 순환버스를 타고 올라갑니다. 특히 겨울에는 차량이 전면 통제되기 때문에 꼭 이 순환버스를 이용해야 합니다. 버스를 타고 가는 곳은 휴게소 같은 곳입니다. 이곳에 내려 산골짜기를 따라 5분 정도 걸어서 올라가다 보면 정문이 나오는데 이제 본격적으로 천태종의 본고장인 구인사를 볼 수 있습니다. 올라가도 끝없이 나오는 건물들은 이 사찰의 규모를 짐작하게 합니다. 만약 여름에 이곳을 온다면 온 몸이 땀으로 뒤범벅이 될 수도 있지만 겨울에 오면 적당히 운동이 되면서 기분 좋은 땀도 한 번 흘리게 될 것입니다. 땀을 흘리고 난 뒤 산사에서 따뜻한 차 한 잔 마시고 내려가면 아주 상쾌한 하루가 되겠지요. 저는 큰아이가 7살일 때 처음 이곳을 함께 왔었는데 오르막길이 힘들다고 하면서도 어른보다 더 잘 올라갔었습니다. 경사진 곳이 많고 오르막 길이 계속 있기 때문에 유모차를 끌고 가기에는 다소 무리가 있습니다.

65

조선시대 임금의 위폐가 있는 한옥마을

전주 경기전

촬영팁 — 빛의 양을 잘 조절하면 아름다운 작품 사진을 남길 수 있는 곳이다. 전주 한옥마을 전체가 볼거리가 많은 관광지이기 때문에 곳곳에서 사진으로 좋은 추억을 남기기에도 좋다.

주소	문의	이용안내	주변관광지
전북 전주시 완산구	063-287-1330	09:00~19:00	전동성당
풍남동3가 102	tour.jeonju.go.kr	하절기 20:00까지	오목대
		동절기 18:00까지	한옥마을
		성인 1,000원	전주향교
		청소년 700원	
		어린이 500원	

서울의 남산에 한옥마을이 있듯이 전라북도 전주에 가면 전주 한옥마을이 있습니다. 서울처럼 불쑥불쑥 솟아 오른 빌딩 숲 속에 자리 잡은 것이 아니라 주변에 높지 않은 건물들과 잘 어울려 자연스럽게 도심과 동화되어 있는 아름다운 전통 한옥마을입니다.

우리나라의 가장 한국적인 도시인 전주는 전북의 도청 소재지이며 현대적인 감각과 전통적인 한옥들의 조화가 가장 아름다운 곳으로 유명합니다. 이곳에 '경기전'이라는 곳이 있는데, 태조 이성계의 어진을 모신 곳으로 태종 10년인 1410년에 창건되어 임진왜란과 정유재란, 병자호란을 겪으면서 옮겨지고 재건되면서 지금의 경기전으로 남게 되었습니다.

제가 찾아 갔을 때에는 봄이었는데, 경기전 입구에는 포졸복장을 한 두 명의 문지기가 있었습니다. 많은 관광객들에게 사진 세례를 당하기도 하고 옛 모습을 그대로 재현하려는 의도에 맞게 서 있자니 아이들은 신기한 눈으로 바라보며 웃기도 하고, 가끔은 경계의 눈빛으로 쳐다보기도 합니다.

경기전 안으로 들어가면 오래된 문들을 통해 다양한 곳을 감상할 수 있으며, 봄에 이곳을 찾으면 푸른 잔디와 나무들을 마음껏 볼 수 있으며 특히 초록색을 띄는 나무들 사이에 벤치가 많이 있어서 가족들이 잠시 쉬어갈 수도 있습니다.

어진을 모셔놓은 공간에서는 아이들에게 과거 조선을 창건한 왕들에 대한 이야기도 들려주고, 탁본체험을 통하여 조선시대의 임금이 사용했던 도장을 직접 찍어볼 수도 있고, 어른들은 옛 왕들의 옷을 입고 기념 촬영을 할 수도 있습니다.

대나무가 우거진 길을 비롯하여 따스한 봄의 기운을 가장 잘 느낄 수 있고 더불어 우리의 역사도 알 수 있는 전북의 작은 경복궁 같은 한옥마을과 경기전. 아이들과 함께 떠나는 잠깐의 시간여행만으로도 즐겁고 유익한 여행이 될 것입니다.

66

남북통일을 위한 노력과 정성

마산 팔용산 돌탑

촬영팁 — 구도를 어떻게 잡을 것인가를 먼저 고려해야 한다. 넓게 배치되어 있는 돌탑들의 풍경을 함께 담으려면 광각계열의 렌즈가 좋다. 올라가는 길에도 인물사진을 광각렌즈로 담으면 재미있게 표현할 수 있다.

주소	주변관광지
경남 창원시 마산회원구	돝섬
봉암동	봉암 갯벌 생태 학습장

인터넷이 발달하면서 생활의 속도가 점점 더 빨라지니 언제
부터인가 '느긋하게', '천천히', '하나하나'와 같은 말들은 점점 더 사라지
는 듯한 느낌을 받습니다. 이렇게 서두르고 빨라지는 세상 속에서 느긋하
게, 천천히, 하나하나, 정성으로 쌓아 올린 돌탑이 있는 마산리 팔용산에
한번 들러보세요.

경남 마산은 행정구역상 창원시 마산구가 되었습니다. 원래는
마산시, 창원시, 진해시, 이렇게 3개의 시가 나란히 붙어 있었고 마산시가
가장 큰 도시였는데 도시화와 공업화를 통하여 창원시가 커지게 되자 대
표 도시가 되어 나머지 두개의 시와 통합하게 되었습니다. 그래서 지금은
창원시 마산구가 되었지요.

이 마산에 아주 신비로운 곳이 있는데, 엄청나게 많은 돌탑이
팔용산 올라가는 중턱에 군락지를 이루고 있는 곳입니다. 이렇게 많은 돌

탑을 누가 만들었을지 의문이 가면서도 정말로 신기하고 이색적인 풍경을 자아냅니다. 이 모든 돌탑을 쌓아 올린 주인공은 마산시의 공무원인 이삼용 씨인데 남북이산가족의 아픔을 달래기 위해 1993년부터 하루도 빠지지 않고 쌓아서 만들었다고 하니 그 정성과 끈기, 열정과 노력이 정말 대단하다는 생각이 들었습니다.

이곳을 처음 보는 사람들은 얼마나 많은 인원이 동원되어 이 돌탑들을 쌓았을지 먼저 생각하게 되지만 단 한 명의 사람이 이 많은 돌탑을 쌓았다는 사실을 듣고 나서도 도무지 믿기 어려워 합니다. 팔룡산을 오르는 등산로는 처음엔 단순히 산행을 위한, 평범한 등산로가 조성되어 있었는데 텔레비전에 몇 차례 소개되면서 나름 유명해지게 되었습니다. 그러다 보니 등산로 입구부터 작은 공원이 조성되면서 차츰 가족과의 짧은 등산코스로 이용하기에 좋은 등산로들이 하나둘 생겨나기 시작했습니다.

올라갔다가 내려오는 시간을 대략 30분 정도만 잡으면 되기 때문에 가족과 대화를 나누며 가벼운 산책을 하기에도 참 좋습니다. 아이들에게 하고자 하는 마음이 있고 꾸준히 노력만 하면 무엇이든지 할 수 있다는 단적인 예를 보여주기에 더욱 의미 있는 여행지가 아닐까 합니다.

67

우리나라 최남단의 산

제주 송악산

촬영팁 — 해안선을 따라 올라가다가 산길이 나오면서부터 환상적인 풍경이 펼쳐진다. 전체적인 풍경을 담을 수 있는 광각렌즈와 먼 산의 모습도 담기 위해 표준렌즈도 준비하면 좋다.

주소	문의	홈페이지	주변관광지
제주도 서귀포시 대정읍 송악관광로 421-1	064-760-2861	www.jejutour.go.kr	산방산 마라도 잠수함 용머리해안

가을여행의 최적지는 산입니다. 온통 단풍으로 물들고 그 단풍으로 아름다운 자태를 뽐내기 때문이죠. 그런데 단풍으로 유명한 설악산, 내장산 등에 가면 엄청난 인파로 인하여 단풍 구경인지 사람 구경인지 모를 정도로 많은 사람들이 인산인해를 이루고 있습니다. 가족여행을 떠나기에는 어려운 점이 한두 가지가 아니죠. 그럴 때는 저는 과감히 제주도에 있는 산을 추천해 드립니다. 한라산은 더 높고 등산하기 어렵다고요? 하지만 제가 소개하고자 하는 곳은 한라산이 아니라 제주도 서귀포시에 있는 송악산입니다.

송악산은 드라마 '대장금'의 촬영지였으며 제주도에 있는 봉우리를 대부분 오름이라고 하는데 그중에서도 유명한 곳입니다. 산이라서 많이 걸어 올라가야 하는 것으로 생각하기 쉽지만 송악산은 누구나 쉽게 올라갈 수 있는 적당한 높이로서 온 가족이 사면이 넓게 펼쳐진 평야와 바다를 바라보며 기분 좋게 오를 수 있는 산이지요. 송악산에 올라가다 보면 제주도의 해안가와 산방산이 눈 앞에 펼쳐지는데, 이곳은 제주도에서도 으뜸으로 알아주는 경치라고 합니다. 아래에서는 파도가 치고, 산방산의 중턱은 안개가 자욱하며, 정상은 구름에 가리고, 거기에 해안선을

따라 펼쳐진 제주도의 풍경까지 더해지면 자신도 모르게 탄성이 터져 나오게 합니다.

　　더 위로 올라가보면 꼭대기에 꽤 깊게 파인, 이중으로 된 분화구가 있습니다. 송악산이 화산으로 생성된 산이라는 것을 알 수 있고 좀 더 정확하게 말하면 기생화산체의 단성화산이라 말할 수 있습니다. 분화구가 있는 곳을 둘러보면 뒤로는 또 다른 해안선을 만나볼 수 있는데, 앞과 뒤의 풍경이 서로 달라 색다른 매력을 전해주기도 합니다.

　　그런데 이 송악산은 과거 역사를 거슬러 올라가면 좀 아픈 과거를 가지고 있습니다. 2차 세계대전 당시 일본이 중국 침략의 발판으로 삼았던 곳이 이곳이라 당시의 비행장, 고사포대, 포진지 등의 흔적이 아직도 남아 있어 안타까운 마음과 함께 역사의 현장을 눈으로 답습할 수가 있습니다.

　　바람이 많이 부는 송악산에는, 가을에 어울리는 단풍은 아니지만 색다른 등산과 아름다운 풍경을 온 가족이 함께 누릴 수 있는 여행지로, 꼭 한번 다녀갈 것을 추천해 드립니다.

68

온 가족의 가을 나들이

내장산 단풍놀이

촬영팁 — 내장산의 빨간 단풍은 카메라 기종에 상관없이 재미있는 사진을 담을 수 있다. 산자락의 단풍은 물들기 시작할 때 담는 것이 가장 아름답다.

주소	문의	홈페이지	주변관광지
전북 정읍시 내장산로 936	063-538-7875	naejang.knps.or.kr	전라북도 산림박물관 내장저수지 내장산 테마파크

　　벚꽃 하면 진해, 유채꽃 하면 제주가 생각나듯이 단풍 하면 내
장산이 생각날 것입니다. 그런데 오히려 이렇게 유명한 곳을 더 못 가보
게 되는 경우가 의외로 많습니다. 만약 지금까지 이 내장산의 가을 단풍을
소문으로만, 사진으로만, 이야기로만 들으셨다면 지금 한번 떠나보세요.
　　늦가을이 되면 단풍놀이, 많이 즐기시죠? 이 단풍놀이 하면
내장산이 제격인데요. 엄청난 인파로 인해서 가는 길은 참 고생스럽지만
막상 도착하고 산을 오르게 되면 이렇게 아름다운 단풍이 우리나라에 있
나 싶을 만큼, 정말 절경을 이루는 곳입니다.
　　등산을 하듯이 내장산을 오른다면 이내 힘이 들어 쉬고 싶어

지겠지만 1시간 정도는 오르막길이 아닌 언덕 정도의 길을 이동하기 때문에 남녀노소 누구나 즐길 수 있는 곳입니다. 저는 아이와 함께 가을이 되면 내장산을 가곤 하는데, 갈 때마다 너무나 예쁜 단풍에 감탄하고 붉은색으로 갈아입은 그곳의 느낌이 좋아 자주 찾게 됩니다. 전국 어디와 견주어 보아도 손색이 없을 정도로 멋진 곳입니다.

그런데 내장산의 단풍이 유명한 만큼 가을이 되면 정말 많은 사람들이 찾습니다. 올라가는 길도 길게 줄을 늘어서서 올라갈 정도로 인파가 많습니다. 그래서 조금 여유롭게 이곳을 즐기시려면 나름의 요령이 필요합니다. 일단 몸이 조금 힘들더라도 새벽에 출발해서 오전 7시쯤, 해가 뜰 때 도착을 해서 오르는 것이 좋습니다. 그때쯤 도착하면 주차할 공간도 굉장히 여유롭답니다. 적당하게 산의 단풍을 즐기고 점심 때 쯤 하산하면 넉넉한 여행을 즐길 수 있습니다. 이때 집으로 출발하면 주말이라도 그리 막히지 않는 편안한 여행을 할 수 있지요. 그렇지 않으면 하루의 대부분 시간을 오고 가는데 소비할 수밖에 없어 정작 내장산 단풍은 1시간 정도 밖에 구경 할 수 없습니다. 특히 내장산을 원거리에서 찾아오는 분들이라면 꼭 기억해둘 사항입니다.

내장산을 올라가다 보면 호수가 하나 등장하는데 중간에 현대식으로 만든 정자 같은 것이 하나 있습니다. 이곳을 가려면 돌다리를 건너가야 하는데 이 돌다리가 상당히 재미있습니다. 돌다리를 건너서 정자에 도달하는 일은 이곳에 가면 반드시 추억을 남겨야 할 곳이니 꼭 사진을 찍고 돌아가기 바랍니다.

가을의 붉은 단풍을 가장 멋지게 즐길 수 있는 곳은 내장산입니다. 교통체증만 피해서 도착한다면 가장 멋진 가을의 추억을 남길 수 있을 것입니다.

PS —

내장산 여행은 가족여행과 산행, 이렇게 두 가지 여행 타입으로 나눌 수 있습니다. 가족여행은 호수 정도까지만 올라가고 산행은 꽤나 오랜 시간이 걸리니 각자의 상황에 따라 선택하면 됩니다.

69

한 눈에 담는 물돌이와 자연

단양 양백산

촬영팁 — 시내의 전체 조망을 담기 원한다면 표준이나 광각렌즈를 지참해야 하고 페러 글라이딩 하는 사람들과 함께 담으려면 망원을 가지고 가야 한다. 개인적으로는 이곳의 풍경은 광각으로 담는 것이 낫다고 생각한다.

주소	주변관광지
충북 단양군 단양읍	도담삼봉
기촌리	충주호 유람선
	온달관광지
	양백폭포
	천동동굴

대자연의 웅장함과 신비로움, 넉넉함과 여유로움을 대하는 것만으로도 마음의 위로와 힐링이 가능할 때가 있습니다. 바라만 보아도, 눈을 감고 느끼는 것만으로도 공허함이 채워지는 여행이 바로 그것이죠. 진정한 휴식을 얻고 싶다면 단양의 양백산 전망대에 한번 올라가 보세요.

차를 타고 올라갈 수 있는 양백산은 정상에서 내려다 보면 단양 시내와 우리나라에 몇 안 되는 물돌이를 한 눈에 볼 수 있습니다. 전망대 바로 옆에는 페러 글라이딩을 즐기기 위해 산 정상을 찾은 사람들도 볼 수 있지요. 앞이 훤하게 트여 있고 꽤나 높은 위치에 있기 때문에 이런 레저 스포츠를 즐기기 위한 장소로도 최적인 듯합니다.

어쩌다가 이렇게 강이 굽어진 곳에 도시가 발달했는지 그 유래는 정확히 알 수 없지만 정말 신기한 지형을 가지고 있어서인지 훌륭한 분들이 많이 태어나고 적의 침입으로부터 쉽게 마을을 지킬 수 있는 장소였다고 합니다.

특히 이곳은 멋들어진 물돌이 때문에 많은 사진 작가들이 즐겨찾는 장소이기도 합니다. 전망대에 올라가면 매점과 커피숍도 있어서 춥거나 더울 때면 이곳에서 몸을 잠시 피할 수도 있습니다.

한 가지 주의 할 점은 차로 올라가는 길이 아스팔트 길이긴 하지만 넓지 않은 외길이기 때문에 올라가는 차와 내려오는 차가 중간에 만나면 조심스레 피해가야 하는 상황이 있을 수 있습니다. 겨울에 눈이 쌓이면 오르막 경사가 위험할 수도 있으니 그럴때는 차로 올라가지 않는 것이 좋습니다.

단양을 여행하게 되면 양백산 전망대는 꼭 한번 올라가볼 만한 곳입니다. 여행을 다니다보면 그 지역의 지리를 평면으로 인지하기 쉬운데 이렇게 높은 곳에서 전체를 한 눈에 내려다 보며 여행지를 감상하는 경험은 그리 많지 않기 때문입니다.

70

우리나라 최고봉, 구름 위로 올라서는

제주 한라산

겨울산행 시 주의점

❶ 하산시간을 꼭 지킨다. ❷ 산을 좀 탈줄 안다는 자만심을 버린다. ❸ 경험이 많은 등산 전문가와 동행한다. ❹ 초콜릿, 영양간식 등 보충제를 꼭 가져간다. ❺ 고글, 아이젠, 배낭, 방한용 내의 등을 꼭 챙긴다.

주소	문의	홈페이지	주변관광지
제주도 제주시 해안동 산220-1	064-713-9950	www.hallasan.go.kr	성판악 돈내코유원지 한라생태숲

한라산 정상에 호수가 있다는 것만으로도 꼭 한 번 올라가서 보고 싶은 호기심이 생길 것입니다. 대부분 여름 휴가철이나 나들이 하기 좋은 가을에 제주도를 방문하다 보니 한라산을 오르는 때도 무더운 여름이거나 선선한 가을이 대부분입니다. 그래서 이번에는 겨울에 올라가는 한라산으로의 여행을 추천하고자 합니다.

겨울의 한라산은 참으로 매력적인 국내여행지 중의 한 곳입니다. 물론 가족여행을 가기에는 그리 녹록한 곳은 아닙니다. 준비물도 많이 필요하고 어느 정도 산에 익숙한 분들이 가야 하기 때문입니다. 하지만 한라산을 가장 올라가기 쉬운 영실코스를 선택한다면 씩씩한 초등학생만 되더라도 충분히 올라갈 수 있어 그리 어렵지 않게 겨울 등반을 할 수 있을 듯 합니다. 제가 한라산을 올라갔을 때는 9살짜리 아이도 정상의 휴게소까지 올라오는 것을 보았는데, 그만큼 영실코스는 등산 초보자도 쉽게 올라갈 수 있다고 생각합니다.

겨울철의 산행은 다른 계절에 비해 아주 위험합니다. 특히 한라산은 아이젠을 착용하지 않으면 등산 자체를 할 수가 없는 곳입니다. 또한 추위에 대비해 방한복을 든든히 갖추어야 하고 오후 2시가 넘으면 입산 자체가 안 되기 때문에 아침에 서둘러서 준비하여야 합니다.

한라산을 겨울에 가면 눈꽃을 볼 수 있고 하얀 자연이 주는 아름다움을 마음껏 감상 할 수 있습니다. 오르고 내리는 동안 몸은 힘들고 숨은 차지만, 바라만 보아도 감탄이 저절로 나오고 기분까지 좋게 만드는 멋진 풍경에 이 모든 어려움을 보상 받을 수 있는 곳이 한라산입니다.

겨울 내내 춥다고 집에만 있으면 오히려 면역력이 떨어져 쉽게 병이 생길 수 있습니다. 추위와 같은 어려운 여건에서도 자신의 몸을 움직일 수 있게 해주는 동기부여가 필요한데 그에 맞게 적당한 목표를 설정하여 달성할 수 있는 산이 한라산 정도가 아닐까 생각합니다.

온 가족의 힐링을 위한 아름다운 풍경 여행

71

영화 속 한 장면을 담는

제주 쉬리의 언덕

촬영팁 — 유채꽃이 어우러진 인물사진을 찍기에는 적합한 단렌즈가 좋다. 거리가 그리 넓지 않으므로 50mm 단렌즈 정도가 적당하며 전체 풍경과 함께 인물을 담고 싶다면 표준렌즈가 적당하다. 이곳은 아이들과의 추억을 남기기가 좋고 가벼운 옷차림에 산책할 수 있다.

주소	주변관광지
제주도 서귀포시	제주 올레길 8코스
중문관광로 72번길	갯깍 주상절리대
(신라호텔 주차장에 주차	퍼시픽랜드
후 걸어 올라감)	테디베어 뮤지엄

　　눈길이 닿는 곳마다 그림 같은 풍경이 펼쳐진다면 얼마나 근사할까요? 봄이 오면 제주도에서는 가장 먼저 유채꽃이 피어납니다. 이 유채꽃과 함께 성산일출봉 앞에서 가족과 함께 사진을 담는 것도 무척 즐거운 일이겠지만, 중문 관광단지에 위치한 '쉬리의 언덕'을 산책하다 보면 마치 해외로 여행을 간듯한 착각이 들 정도로 멋진 풍경을 만날 수 있습니다.

　　제주도의 올레 길은 제주여행의 필수 코스로 자리잡아 아름다운 자연과 바다가 보이는 언덕길의 풍경을 선사합니다. 이 올레길도 좋지만, 제가 추천하고 싶은 여행지는 쉬리의 언덕과 인근 호텔에서 해수욕장으로 들어가는 길입니다. 유채꽃이 만개한 산책 길을 걷기도 하고 사진도 찍다 보면 좋은 추억들을 남길 수 있습니다. 쉬리의 언덕에서 바다를 보며 눈 앞에 펼쳐진 분위기에 흠뻑 취하면 발길을 다른 곳으로 옮기기가 싫을 정도로 이곳에 계속 머물고 싶어집니다.

이렇게 쉬리의 언덕에서 유채꽃을 원 없이 본 다음에는 하얏트 호텔쪽으로 나있는 벚꽃터널을 걸어봅니다. 이곳에는 벚꽃과 개나리가 피어 있고 걷다 보면 영화 속의 한 장면이 떠오를만큼 환상적인 낭만을 느낄 수 있습니다. 하얏트 호텔의 정원에서 넓은 산책로를 따라 숲 속을 거닐면 해변에 도달하기까지 미로로 된 길을 통과하는 듯한 절묘한 느낌을 받게 됩니다. 바로 이곳이 제주도의 자연을 만끽하면서도 바다와 봄 꽃이 조화를 이루는 가장 멋진 장소가 되지 않을까 합니다.

산책 중에 롯데 호텔과 신라 호텔의 부대시설도 한 번 구경

하는 것도 또 다른 재미를 줍니다. 롯데 호텔은 세 대의 풍차가 있는 정원에서 가족이 모여 함께 담소를 나누며 여유를 즐길 수 있으며 신라 호텔은 신비의 숲에서 자연과 함께 호흡하면서 걸을 수 있는 산책로가 마련되어 있습니다.

제주도 여행 중에 특별한 저녁과 숙박을 원하는 분들에게는 이 두 호텔에서 운영하는 글램핑 캠핑을 추천합니다. 호텔에서의 캠핑과 식사는 가격이 싼 편이 아니지만 이곳에서 남길 수 있는 가장 멋진 식사와 낭만적인 추억을 원한다면 좋은 기회가 되지 않을까 합니다.

72

미륵산 정상에서 아름다운 풍경을 담는

통영 케이블카

촬영팁 — 적당한 표준렌즈 하나만 있으면 풍경사진과 단체사진을 모두 찍을 수 있다. 올라가는 길 어디서나 멋진 풍경을 사진으로 남길 수 있다.

주소	문의	홈페이지	주변관광지
경남 통영시 발개로 205	055-649-3804	www.ttdc.kr	남망산 조각공원
			통영 제승당
			통영 동피랑마을

통영에 있는 미륵산은 한국의 100대 명산 중 하나로 잘 알려져 있습니다. 이 미륵산 자락에는 약 2,000m가 되는 국내 최장 길이의 케이블카가 있습니다. 통영으로 여행을 간다면 이 케이블카는 필수로 타봐야 하는 여행 코스로, 미륵산 가장 높은 곳에서 통영의 넓은 바다를 한 눈에 볼 수 있고 특히 한려해상 국립공원의 중심이 되는 관광지로 잘 알려져 있습니다. 하지만 케이블카의 단점이 하나 있다면 너무 많은 사람이 이곳을 찾기 때문에 오래 기다려야 한다는 것입니다. 사람들이 주로 여행을 떠나는 주말에 이곳을 찾는다면 개장시간에 맞추거나 그보다 더 일찍 도착해서 케이블카에 오르는 것을 권해드립니다. 오전 11시나 오후 1시쯤에 도착해서 관람을 시작하려고 하면 두세 시간은 족히 기다려야 탈 수 있을 정도로 사람이 많기 때문에 꼭 이 부분을 인지하여 여행하기 바랍니다.

케이블카를 타고 1차 전망대에 올라가면 한려해상국립공원을 한 눈에 내려다 볼 수 있습니다. 산 아래로 펼쳐져 있는 작은 섬들과 바다를 구경하고 나서 그냥 내려갈 수도 있겠지만, 산 정상을 꼭 밟아볼 것을 추천합니다. 이곳에서 산 정상까지는 10분 정도 걸어 올라가면 도착할 수 있는데 정상에서 내려다 본 공원과 바다가 아니면 한려해상 국립공원을 제대로 보고 갔다고 말을 할 수 없습니다. 올라가는 길은 나무갑판으로 되어 있어서 그리 어렵지는 않습니다. 저는 어린 아들과 함께 올라갔지만 크게 어려움 없이 등반 할 수 있었습니다. 산길 옆으로 펼쳐진 바다를 감상하며 오르다 보면 정상에 금방 도착하는데, 이루 말할 수 없는 장관이 펼쳐집니다. 통영에서만 볼 수 있는 우리나라의 진풍경을 감상할 수 있습니다. 통영의 가장 아름다운 모습을 가족들과 함께 감상할 수 있는 시간이 될 것입니다.

어린 아이나 평소 운동이 부족한 사람들에게는 산 정상에 오르는 것이 쉬운 일은 아니지만 케이블 카를 탈 수 있기에 어렵지 않습니다. 정상에 오르기까지 펼쳐진 아름다운 자연의 아름다움을 가족과 함께 느끼고 힐링되는 시간이 되길 바랍니다.

73

한강에서 즐기는 1등 가족 나들이

서울 선유도공원

촬영팁 — 단렌즈와 망원렌즈를 활용하여 아이의 추억이나 연인의 인물사진을 남기기에 아주 멋진 곳이다. 중간중간에 가는 계단을 활용하여 취수장 시설과 식물로 덮인 느낌을 담는다면 잊지 못할 추억을 선사 할 것이다.

주소	문의	홈페이지	주변관광지
서울시 영등포구 선유로 343	02-2634-7250	parks.seoul.go.kr/ template/default. jsp?park_id=seonyudo	한강시민공원 양화지구 하늘공원 여의도공원

우리나라의 가장 많은 인구가 살고 있는 서울. 그 안에서 떠날 수 있는 여행지는 그리 많지 않습니다. 많은 사람들이 서울 안의 여행지는 잘 알기도 하고 희소성이 별로 없어서 굳이 소개를 하지 않았지만 그 중에서 선유도공원만큼은 꼭 소개해 드리고 싶습니다.

처음 이곳은 정수장 시설만 있던 곳이었는데 지금은 생태공원으로 탈바꿈한 곳입니다. 사람들이 전혀 찾지 않는 장소를 공원으로 바꾼 이 선유도공원은 다른 나라와 비교해 보아도 잘 된 사례라고 생각합니다. 이렇게 잘 꾸며진 선유도공원은 도심 한가운데에서 느낄 수 있는 자연의 선물과도 같습니다. 온갖 높은 건물들 속에서 느끼는 상실감과 공허함에서 벗어나게 해주면서 자연과 한 편이 되게 하거든요. 따스한 햇살과 시원한 강바람을 맞으며, 자연 위에서 도심을 바라보는 광경은 잠시나마 마음의 여유를 가져다 줄 것입니다.

서울 중앙에 흐르는 한강은 서울을 대표하는 곳이라 할 수 있습니다. 이 한강의 중앙에 위치한 선유도공원은 서울에서 가장 먼저 봄의 기운을 느낄 수 있는 곳이어서 3월 이후에 가면 아주 낭만적인 봄 여행을 할 수가 있습니다. 다양하게 피어난 꽃들과 자연이 주는 여유로움과 쉴 수 있는 공간을 찾기 위해 많은 가족과 연인들이 찾는 이유가 아닐까 합니다.

서울에 거주하는 가족들에게 권할만 한 여행지는 많이 있지만, 시간과 공간의 제약을 받는 가족이 갈 수 있는 서울 최고의 여행지라 생각합니다. 아직 가보지 않은 곳이라면, 올 봄에는 가족들과 함께 가볍게 떠나보는 것은 어떨까요?

74

홍조단괴와 푸른 우도의 아름다운 추억 여행

우도 서빈백사

촬영팁 — 서빈백사에서는 오전 일찍이나 오후 늦게 태양과 반대 방향으로 서서 인물과 함께 해안선을 찍는다면 좋은 사진을 얻을 수 있다. 풍경 사진을 찍고 싶을 때는 오전 10시쯤에 해를 마주하고 사진을 담으면 에메랄드 빛이 반짝이는 우도의 아름다운 풍광을 담을 수 있다.

주소	문의	이용안내	주변관광지
제주도 제주시 우도면	064-728-4333 cyber.jeju.go.kr	성인 5,500원 청소년 5,000원 어린이 2,200원 유아 1,400원	답다니탑망대 하고수동 해수욕장 비양도 검멀레 해수욕장 우도등대공원 톨칸이

성산 ⇄ 우도 도항선 운항 시간표

월·화·수·목 하우목동항 | 금·토·일 천진동항

회	5·6·7·8월		3·10월		4·9월		1·2·11·12월	
	우도발	성산발	우도발	성산발	우도발	성산발	우도발	성산발
1	07:00	07:30	07:15	07:30	07:00	07:30	07:30	08:00
2	07:30	08:00	07:30	08:00	07:30	08:00	08:00	08:30
3	08:00	09:00	08:00	08:30	08:00	09:00	08:30	09:00
4	09:00	10:00	08:30	09:00	09:00	10:00	09:00	10:00
5	10:00	11:00	09:00	10:00	10:00	11:00	10:00	11:00
6	11:00	12:00	10:00	11:00	11:00	12:00	11:00	12:00
7	12:00	13:00	11:00	12:00	12:00	13:00	12:00	13:00
8	13:00	14:00	12:00	13:00	13:00	14:00	13:00	14:00
9	14:00	15:00	13:00	14:00	14:00	15:00	14:00	15:00
10	15:00	16:00	14:00	15:00	15:00	16:00	15:00	16:00
11	16:00	17:00	15:00	16:00	16:00	17:00	16:50	17:20
12	17:00	18:00	16:00	17:00	17:30	18:00	-	-
13	18:30	19:00	17:00	18:00	-	-	-	-

여름에 가는 해수욕장을 전국으로 따져보면 백 개는 족히 넘게 있을 듯 합니다. 이 많은 해수욕장 중에서 여행지로 소개한다는 것은 굉장히 어려운 일이지요,

그래서 그 중에서도 꼭 소개하고 싶은 곳은 여름에 풍겨지는 소소한 바다내음과 멋진 풍경, 그리고 해수욕까지 갖춘 이곳은 제주도의 동쪽에 위치한 작은 섬, 우도입니다.

저는 가족여행으로 우도를 몇 번이나 가봤지만, 가도가도 질리지 않는 아름다운 섬으로 느껴집니다. 신기하고 다양한 볼거리가 많은 것이 그 이유일 텐데, 그 중에서도 우도를 대표하는 서빈백사는 홍조단괴가 죽어서 그 유해로 만들어졌다는 이야기가 전해지고 있습니다. 처음 죽었을 때는 붉은색이지만 수일이 지나면 흰색을 띠며 퇴적물로 남아 모래 대신 이곳의 해변을 이루고 있다는 곳입니다. 우리나라에서 이렇게 특이한 해변은 이곳이 유일합니다. 흰색의 홍조단괴와 에메랄드 빛 바다를 동시에 느낄 수 있는 장소로 이만한 곳이 없습니다.

우도는 성산항에서 배를 타고 10분이면 들어갈 수 있습니다. 5월~10월까지는 배에 인원이 채워지기만 하면 떠나기 때문에 오래 기다리지 않고 우도로 들어갈 수 있습니다. 들어갈 때는 제주도에서 빌린 차를 가지고 들어 갈 수도 있지만 차량은 놓아두고 우도 정액제의 버스를 이용하거나 아니면 ATV나 자전거 등을 대여해서 우도를 한 바퀴 돌아보는 것을 추천합니다.

우도의 에메랄드 빛 바다를 막상 눈 앞에서 바라보면 우리나라에도 이렇게 아름다운 해변이 있었나 하는 감탄이 절로 나올 것입니다. 발 한 번 담그지 않고 돌아가면 후회 할 것 같은 서빈백사는 우리 아이에게 아름다운 물의 색을 간직한 해변의 모습을 알게 해줄 수 있는 가장 멋진 장소입니다. 몸에 붙은 작은 알갱이의 모래들은 툭툭 털어내면 쉽게 떨어지는 모래 알갱이도 인상적인 서빈백사. 국내에서 경험할 수 없는 바닷가의 아름다운 풍경을 가족과 함께 경험하기 바랍니다.

75

자연과 바다가 만드는 신비의 하모니

경주 주상절리 파도소리 길

촬영팁 — 태양의 위치에 따라 사진의 느낌이 다른데 동해안이다 보니 오후 3시 이후에는 해가 서쪽으로 이동했을 때 사진을 찍는 것이 가장 좋다. 주상절리의 장노출을 담으려면 해가 뜰 때 ND필터를 사용하여 아주 멋진 주상절리를 담을 수 있다. 이때 렌즈는 70mm~150mm 사이가 가장 적당하다.

주소
경북 경주시 양남면 융천리

문의
guide.gyeongju.go.kr

주변관광지
감은사지 3층석탑
문무대왕릉
읍천항
정자 회센터
원자력공원

우리나라의 대표적인 주상절리를 꼽자면 제주도의 해안가를 먼저 떠올리는 것이 일반적일 것입니다. 저도 그렇게 생각하고 있었지요. 하지만 경주에도 빼어난 경관을 자랑하는 주상절리가 있습니다. 경주하면 불국사나 벚꽃을 먼저 떠올리게 되는데 주상절리가 있다는 소리는 아마 금시초문일 것입니다. 그러나 제가 보기에는 이곳의 주상절리가 제주도보다 화려하고, 1.2km나 되는 아름다운 바닷길이 그 옆으로 뻗어 있어 더 매력적인 곳인듯 합니다.

원래 이곳은 군사시설로 출입이 엄격하게 통제되어 있었지만 2012년부터 경주의 랜드마크로 개발하기 시작하여 지금은 읍천항의 벽화마을과 함께 산책을 즐길 수 있게 되었습니다. 낮에는 시원한 바람과 주상절리의 경치를, 밤에는 아름다운 조명의 산책로와 파도소리를 들으며 걸을 수 있는, 아주 낭만적인 여행지로 탈바꿈 되었습니다.

경주로 여행을 가면 보통 보문단지 주변에서 많은 관광을 합니다. 보문단지에서 한 40분 정도 차로 달리면 월성 원자력 발전소가 있는 나아리 마을이 있는데, 이곳에 문무대왕릉과 감은사지 3층석탑이 있습니다. 그곳의 인근에 있는 바닷길에 바로 이 주상절리가 있습니다.

주상절리 파도소리 길은 짧지 않지만 걷는 내내 아주 다양한 주상절리의 모양을 만나기 때문에 긴 길을 지겨운 줄 모르고 걷게 됩니다. 중간에 전망대와 흔들다리, 어촌마을의 벽화길 등 볼거리도 많이 있어 가족여행을 하기에 아주 좋은 곳입니다. 특히 읍천항의 어촌마을에 있는 벽화는 살아있는 미술관이라 할 정도로 그림이 화려합니다.

이른 아침에 나와 읍천항의 일출을 감상 하는 것도 이 여행의 매력이 될 수 있습니다. 읍천항의 일출은 전국의 유명한 일출명소와 비교해도 손색이 없을 정도로 명당입니다. 점차 이곳이 일출 명소로 알려지면서 많은 관광객들의 발길이 이어지고 있을 정도랍니다. 이렇게 볼거리도 많은 경주에 새로운 랜드마크로 부상하고 있는 파도소리 길을 온 가족이 함께 걸으며 눈과 귀가 행복해지는 감격의 시간을 누리기 바랍니다.

76

대게와 동해안의 산책길을 누리는 일석이조의 여행

영덕 블루로드

촬영팁 — 끝없이 펼쳐진 바다를 배경으로 사진을 찍기 때문에 광각계열의 렌즈가 필요하다.

주의할 점 — 여름에는 간편한 복장이 좋지만 샌들이 아닌 운동화를 신어야 한다. 특히 해맞이공원의 바다 산책로를 걸을 때는 울퉁불퉁한 곳이 많다는 점을 유의해야 한다.

주소	문의	홈페이지	주변관광지
경북 영덕군 강구면 강구리	054-730-6514	blueroad.yd.go.kr	풍력발전단지 영덕 신재생 에너지전시관 삼사해상공원

경상북도의 영덕하면 대게의 고장인 강구항이 떠오릅니다. 이곳이 워낙 대게로 유명하다 보니 여행지로는 생각하지 않는 것이 일반적입니다. 그런데 그런 생각과는 반대로 영덕에는 볼거리가 아주 많이 있는데 그 중에서 영덕 블루로드를 소개하겠습니다.

블루로드는 삼사해상공원을 중심으로 강구항과 해맞이 공원까지 이어지는 도로를 말합니다. 이곳은 산책로가 잘 만들어져 있으며 다양한 코스로 여행을 할 수 있지만 사람들은 강구항을 보러 오거나 대게만 먹으러 오는 것으로 알고 있는 것이 현실입니다. 바다 위를 걷는 듯한 느낌이 드는 다리와 산책로에서 볼 수 있는 풍경 자체로도 여행을 즐기기에 제격인 장소입니다. 중간중간에 큼지막한 대게의 간판이 걸려 있는 풍경도 재미있고, 바다와 강이 만나는 지점의 풍경 또한 예사롭지 않습니다.

삼사해상공원은 바다가 보이는 아름다운 풍경이 펼쳐지고 산책로가 조성되면서 아주 특이한 길이 되었습니다. 한 여름에도 바닷바람이 시원하게 불기 때문에 굳이 해수욕을 하지 않고 산책만 해도 무더위를 시원하게 날려버릴 수 있습니다.

블루로드의 하이라이트는 뭐니뭐니해도 해맞이 공원입니다. 언덕 위에서 바라보는 풍광과 바다로 이어지는 산책로를 걷다 보면 자연에 빠져버릴 것만 같지요. 다만 해안 산책로는 바위가 많아 조금 울퉁불퉁한 지역이 있어서 유모차로 이동하거나 너무 어린 아이들이 혼자 다니기에는 위험할 수도 있으니 주의해야 합니다.

많이 알려지지 않은 블루로드는 새로운 관광 여행지로 선정해도 무리가 없을 정도로 아주 멋진 풍경을 가지고 있습니다. 가족과 함께 영덕 대게의 맛도 보고 시원한 바닷바람을 맞으며 더위를 식히는 일석이조의 여행을 누리기 바랍니다.

PS —
여행 전 블루로드의 홈페이지를 통해 다양한 산책길을 살펴보시기 바랍니다.

77

바다 속 생물 탐험과 자연 풍경으로의 여행

안산 대부도 누에섬

주소
경기도 안산시 단원구
대부황금로 7

문의
032-886-2912

이용안내
09:00~18:00
월요일 휴관
성인 2,000원
청소년 1,500원
어린이 1,000원

주변관광지
대부도 시화방조제
영흥도
용담리 해수욕장

　　대부도는 다리가 놓여진 이후로 접근성이 아주 높아졌습니다. 그 때문에 섬인지 육지인지 경계가 모호해 졌지만 그래도 섬으로 봐야 할 것입니다. 이 섬은 여름에 해수욕을 즐기기 위한 장소라기보다는 3대의 풍력발전기가 가동되면서 풍겨오는 경치의 멋과 바닷가, 그리고 작은 공원과 안산 어촌 민속박물관의 체험을 할 수 있는 여행지입니다.

　　큰 풍력발전기는 쉬지 않고 돌아가면서 작은 누에섬과 함께 멋진 풍광을 보여주고 있습니다. 그것을 어어 주는 작은 다리는 약간 위태로워 보이지만 누에섬 등대공원으로 들어갈 수 있는 길로 이용되고 있지요. 자동차로는 들어갈 수 없는 이 다리를 직접 건너보는 것이 이곳을 여행하는 묘미일 텐데요, 가족과 함께 손을 잡고 걷다 보면 마치 다른 세계로 들어가고 있다는 착각에 빠져들게 합니다.

누에섬에 있는 작은 등대와 정박해있는 배들을 보면서 작은 어촌으로서의 역할도 하는 것을 알 수 있었습니다. 이 작은 어촌에는 공원도 있어서 아이들이 뛰어 놀기에는 더할 나위 없이 좋습니다. 마을 곳곳을 구경하고 나서 시원한 에어컨 바람이 있는 민속박물관을 찾아보는 것도 또 다른 재미를 줍니다.

박물관 안으로 들어가면 작은 아쿠아리움을 연상케 하는 수족관이 등장하고, 이곳 어촌의 삶을 돌아보면서 아이들에게 자연과 더불어 살아가는 사람들에 대한 이야기를 해주었습니다. 물론 기본적인 지식이 없어도, 박물관의 안내판이 잘 나와있기 때문에 어렵지 않게 아이들에게 설명해 줄 수 있습니다.

박물관의 2층으로 올라가면 사진을 찍을 수 있는 공간도 마련되어 있습니다. 수족관의 물고기를 감상하면서 그것을 배경으로 사진도 찍을 수 있는 장소입니다.

온 가족이 여유있게 산책하며 평소엔 쉽게 보지 못하는 풍경들과 아이들이 뛰어 놀 수 있는 넓은 공터, 거기에 박물관까지 관람할 수 있는 대부도의 누에섬은 자연과 함께 안락한 여행을 즐길 수 있는 편안한 여행지입니다.

78

전국에서 가장 웅장한 바다 산책길

울릉도 해안산책로

촬영팁 — 이곳은 어디를 가나 멋진 풍경사진을 담을 수 있다. 광각렌즈와 표준렌즈를 적절히 조합하여 풍경을 담는다면 어디를 찍으나 하나의 작품이 될 것이다. 햇볕이 들어오는 곳과 안 들어오는 곳의 노출차이가 크기 때문에 노출의 차이가 많이 난다면 초점을 하늘로 잡고 (구름 적당히 있고 맑은날 기준) 사진을 찍어보면 파란 하늘과 풍경을 동시에 얻을 수 있다.

주소	문의	홈페이지	주변관광지
경북 울릉군 울릉읍 도동리	054-790-6454	www.ulleung.go.kr	저동항 독도 케이블카 내수전 일출전망대

"울렁울렁 울렁대는 가슴 안고, 연락선을 타고 가는 울릉도라."
우리나라 사람이라면 누구나가 불러봤을 만한 울릉도와 관련된 노래입니다. 그런데 이렇게 잘 알고 있는 울릉도를 여행해 본 사람은 그렇게 많지 않은 듯 하고, 또 울릉도를 생각하면 왠지 미지의 섬 같은 느낌도 받지요. 그래서 울릉도와 더 친숙하게 하면서, 얼마나 좋은 여행지인지를 알려드리고자 합니다.

울릉도에 들어가려면 3시간 이상 배를 타야 하기 때문에 울릉도를 처음 가는 사람은 조금 고생스러울 수도 있습니다. '고생 끝에 낙이 온다'는 말처럼 울릉도의 풍경은 육지에서는 찾아볼 수 없는 높은 절벽과 기이한 풍경을 이루고 있습니다. 이곳에서 꼭 보아야 할 경치 중에서 바다와 함께하는 대표적 경치는 행남 해안산책로입니다. 도동항에서 해안을 따라 저동항 방향으로 촛대바위까지 가는 길인데요, 산을 넘고 길고 긴 원형 계단을 내려오면 눈 앞에 천혜의 자연경관이 펼쳐집니다. 카메라에 아무리 사진을 예쁘게 담아도 실제로 보는 것보다는 못하는 것 같습니다.

행남 해안산책로는 가파른 바다의 절벽으로 이루어진 산 하부에 길을 만들고, 길이 없는 곳은 다리를 이어서 산책로를 만든 곳입니다. 육지에서는 느낄 수 없는 스릴과 아찔함을 느낄 수 있는데, 과연 이런 곳에 어떻게 이런 길을 만들었을지 의문이 들 정도입니다.

행남 해안산책로를 따라 걷다가 길이 끝날 쯤에 두 갈래의 길을 만나게 됩니다. 한 곳은 등대로 가는 길이고 다른 곳은 촛대바위로 향하는 길입니다. 등대로 가는 길은 왕복으로 다녀와야 하고 촛대바위로 가는 길은 저동항에 도착하여 버스를 타고 다시 도동항으로 돌아올 수가 있습니다. 저는 아이들과 촛대바위를 향해 이동했습니다. 산을 어느 정도 올라가면 한없이 펼쳐진 바다와 절벽이 있고 그 밑으로 나있는 길을 볼 수 있습니다. 그 옆에 뾰족하게 튀어나온 바위를 볼 수 있는데 이곳이 바로 촛대바위입니다.

촛대바위는 방파제 위에 있는데 어떻게 바다 한가운데에 이렇게 높은 바위가 솟아 올랐는지 그 기이함은 신비롭기만 합니다. 울릉도는 동쪽에 있어서 바다의 깊이가 상당히 깊습니다. 그래서 이렇게 바위가 솟아 올라 있으려면 상당한 화산이 올라왔을 것이고 이 정도의 높이면 이 바위보다는 옆으로 더 넓게 퍼져야 하는데 이렇게 작고 뾰족한 것이 어떻게 솟아올라 있는지 도무지 알 수가 없습니다. 이 행남 해안산책로와 촛대바위로 가는 길을 걷고 있으면 땅은 작지만 참으로 다양한 경관을 볼 수 있다는 것을 새삼 깨닫게 됩니다.

울릉도라는 동해안의 몇 안 되는 우리의 섬에서 맑고 깊은 바다의 내면과 가파른 절벽들의 아름다운 절경을 감상할 수 있을 것입니다.

79

따스함, 싱그러움, 단풍이 아름다운 그곳

춘천 남이섬

촬영팁 — 남이섬은 소소한 풍경들이 많아 무엇을 촬영해도 아기자기함이 느껴진다. 보통 메타세쿼이아 가로수길에서 사진을 많이 찍는데 스냅 촬영을 잘 하기 위해서는 조리개가 밝은 렌즈가 좋다. 가까이에서도 아웃포커싱의 효과를 누릴 수 있기 때문이다.

주소	문의	홈페이지	주변관광지
강원도 춘천시 남산면 남이섬길 1	031-580-8114	www.namisum.com	자라섬 청평호반 용추계곡 쁘띠프랑스

사람들이 말 하기에 남이섬은 가을에 가야 그 진가를 느낄 수 있다고 합니다. 그래서인지 가을에는 너무나 많은 사람이 남이섬을 찾기 때문에 거의 걸을 수도 없는 지경에 이릅니다. 그만큼 볼거리도 많고 아름다운 여행지라는 소리겠지요. 남이섬을 가을에 가는 것도 좋겠지만 따뜻해지기 시작한 봄이나 풀이 무성해지는 여름에 간다면 그보다 더 한산하면서도, 더 싱그러운 자연의 경치를 맛 볼 수 있습니다.

남이섬에 들어가는 방법은 두 가지가 있습니다. 하나는 배를 타고 들어가는 방법과 다른 하나는 하늘을 나는 짚와이어를 타고 들어가는 방법입니다. 어린이가 있는 가족이 여행을 한다면 배를 타고 들어가는 방법 밖에는 없지만 조건이 된다면 짚와이어를 타고 섬에 들어가는 것이 더 특별한 경험이 될 것 같습니다.

남이섬을 가족과 함께 여행하면서 사진도 찍고 낭만적인 메타세쿼이아 가로수길의 시원하게 뻗은 나무를 넋 놓아 바라보기도 했습니다. 드라마 '겨울연가'로 유명해진 남이섬은 작은 섬에 불과하지만 삭막한 도시를 떠나 자연과 함께 누리는 여행은 그야말로 힐링 그 자체였습니다.

남이섬에만 있는 나미나라공화국의 중앙은행과 짧게나마 기차를 타고 보는 풍경들, 타조가 길거리에 나와서 사람들이 먹는 과자를 훔쳐먹는 일, 세계 각국의 언어로 쓰는 인사말, 조용한 미술관과 조각품들까지 이 작은 섬에서 누릴 수 있는 것은 참 많았습니다.

봄과 여름에는 따스함과 싱그러움이 가득하고 가을에는 온갖 푸른 식물이 빨갛게 물드는 단풍의 모습처럼, 계절에 따라 순수하게 변하는 자연과 함께 신선한 공기를 마시면서 힐링의 시간을 갖는 것은 어떤가요?

unicef Ha
안녕,
초라초리!
Hello, Chora Chora!
2013. 7.2 - 8.18

80

소매물도를 닮은 다무래미와 봉글레산 절경

제주 추자도

촬영팁 — 어느 카메라를 가지고 와도 멋진 풍경을 담을 수 있는 곳이다. 봉글레산 전경을 감상하고 나서 반대방향으로 내려오면서 오른쪽으로 잠시 틀면 다무래미를 만날 수 있다.

주소
제주도 제주시 추자면 추자로 26

문의
064-742-8406

주변관광지
봉글레산
다무래미
등대산공원
묵리고개

5. 온 가족의 힐링을 위한 아름다운 풍경 여행

우리나라 남쪽에는 수많은 섬들이 있습니다. 그 중에서 꽤나 특이한 섬 하나를 소개해 드릴까 하는데요, 제주도와 전라남도 사이에 추자도라고 하는 작지 않은 섬이 하나 있습니다. 제주도에 포함되지만 전라남도의 습관과 말씨, 자연 풍경까지 닮아 있어 전라도의 느낌이 많이 나는 곳입니다. 추자도는 전라도나 제주도에서 배를 타고 오면 2시간 남짓 타고 들어가야 하는 섬입니다.

이곳에 통영의 소매물도를 닮은 다무래미라는 곳이 있습니다. 밀물과 썰물에 따라 바닷길이 열리는 느낌은 소매물도와 비슷합니다. 풍경 또한 그냥 봤을 때는 소매물도가 아닌가 하는 착각을 불러 일으키는데, 여행을 다녀와보니 다무래미는 추자도의 보물섬이라 칭하고 싶어졌습니다. 추자도는 아직 사람들에게 알려지지 않은 여행지라서 그런지 변변한 펜션 하나가 없습니다. 그러나 탁 트인 자연경관 때문에 몇몇 낚시인들에게는 천국의 섬으로 사랑 받고 있으며 앞으로 국내여행지 중에서도 각광을 받지 않을까 하는 생각이 듭니다.

추자도에는 딱히 산이라고 할 만한 곳은 없지만 그 중에서도 가장 높은 곳이 있어서 제주도까지 바라볼 수 있는 전망지가 있습니다. 바로 봉글레산입니다. 추자도의 아름다운 비경을 담기 위해서는 이곳에 한 번 올라가봐야 합니다. 이곳에서는 추자도의 항구를 감상 할 수 있고 넓게 펼쳐진 바다와 알록달록한 지붕의 마을을 한 눈에 내려다 볼 수 있습니다.

이곳 외에도 추자도 어디를 가나 아름다운 풍경을 엿볼 수 있습니다. 여행을 좋아하는 사람들에게는 잘 알려지지 않은 곳을 여행한다는 것에 대한 로망이 있기 때문에 이렇게 아름다운 자연을 가지고 있으면서도 숨겨져 있는 듯한 여행지를 미지의 보물섬이라 부르곤 합니다. 저에게도 이곳 추자도는 미지의 보물섬으로 남아있지요.

여름 낚시를 좋아하거나 여름여행을 좋아하는 분이라면 추자도를 추천해 드립니다. 때묻지 않은 자연으로의 여행을 가족과 함께 떠나보시기 바랍니다.

30
최영장군사당
Shrine to General Choe Yeong
200m ➡

81

바다가 열리면 떠나는 체험여행

창원 신비의 바닷길 동섬

주소
경남 창원시 진해구
명동로 62

문의
055-712-0425

홈페이지
marinepark.cwsisul.or.kr

주변관광지
제왕산공원
진해드림파크
천지봉 산림욕장
거가대교

우리나라에서 아름다운 풍경을 보여주는 대표적인 섬을 꼽자
면 통영 앞바다의 소매물도입니다. 소매물도는 바닷길이 열리는 곳으로도
많이 알려져 있지요. 그런데 이곳에 가려면 반드시 배를 타고 이동해야 하
는데 너무 많이 알려진 여행지이다 보니 성수기에 가면 바가지 요금이 기
승을 부려 인상을 찌푸리게 하는 일이 있기도 합니다.

이와는 반대로, 경남 진해에는 신비의 바닷길을 만날 수 있
는 동섬이 있습니다. 아주 작은 섬이긴 하지만 물때만 잘 맞으면 바닷길
이 갈라져 조개나 게를 직접 잡을 수도 있고 작은 섬에는 나무합판으로 길
이 아주 잘 만들어져 있어서 가벼운 산책의 즐거움을 선사하기도 합니다.

이 동섬 바로 옆에는 창원 해양공원이라는 바다와 관련된 전
시장 겸 박물관이 있습니다. 이 박물관에는 바다 생물들의 역사와 정보가
잘 나와있으며 옛날 군함과 잠수함 등이 전시되어 있어 직접 조종해 볼 수

도 있고 해군 전쟁의 가상현실에도 참여할 수 있어서 아이들이 체험하기에 좋은 여행지입니다.

　　우리나라에는 군함 안을 직접 볼 수 있는 곳이 대표적으로 세 군데가 있습니다. 강원도 강릉과 전북 군산, 그리고 진해 해양공원입니다. 과거에 직접 전쟁에 참여했던 이 군함들은 당시의 실제 상황을 볼 수 있는 아주 특별한 체험입니다. 아이는 물론 어른들까지도 호기심 어린 눈으로 바라보게 되고, 옛날 해군들의 모습을 어렴풋이 짐작할 수 있었습니다.

　　신비한 바닷길 동섬에서 아이들과 함께 조개도 잡고 배와 군함 등을 직접 조종해보는 체험 여행을 떠나볼까요?

82

박물관으로 향하는 아름다운 산책길

울산 암각화박물관

촬영팁 — 주변 경치를 담기 위해서는 광각렌즈가 필수이다. 촬영 포인트는 박물관에서 산책길을 따라 걷다 보면 대곡리 계곡을 지나 만나는, 나무로 만들어진 다리 위다. 이곳에서 단체사진을 찍으면 봄의 초록과 어우러진, 느낌이 좋은 사진을 담을 수 있다.

주소	문의	이용안내	주변관광지
울산 울주군 두동면 반구대안길 254	052-229-6678 bangudae.ulsan.go.kr	09:00~18:00 월요일 휴관	천전리각석 작천정 계곡 등억온천단지

　　학교 다닐 때 한 번쯤은 들어봄 직한 이름 '반구대 암각화'를
단순히 선사 시대의 유물로만 알고 있었다면 이번 기회에 한 번 찾아가
보세요. 봄빛보다 파릇파릇한 아름답고 예쁜 산책로가 우리의 지친 마음
을 달래 줄 것입니다.

　　울산의 천연기념물 중 하나인 반구대 암각화는 신석기 시대
의 생활상을 우리에게 잘 보여주고 있는 역사적 유물입니다. 반구대 암각
화의 그림을 통해 아이들은 그 옛날 우리 선조들의 생활상을 보고 느낄 수
있어 역사 공부에 도움이 될 것입니다. 더불어 인근에 있는 천전리 각석까
지 두 개의 유적을 한 번에 만날 수 있는 좋은 기회이기도 하지요.

　　반구대 암각화 입구에는 박물관이 하나 있습니다. 그런데 반
구대 암각화와 천전리 각석 등 우리 아이들이 오래 전 신석기 시대의 유물
을 볼 수 있다는 것만으로도 충분히 의미가 있는 여행일 테지만 더 이야기
하고 싶은 것은 박물관에서 반구대 암각화에 이르는 1.2km 산책로입니다.

이 산책로는 봄이 되면 온통 초록색 물결로 가득해 집니다. 이제 잎이 돋아나기 시작하는 많은 풀들과 가지에서 돋아나는 이파리들은 대곡리의 절벽에 둘러 쌓인 채 우리 시야에 오롯이 담을 수 있어 봄 길, 초록의 향연이 펼치는 자연 그대로의 멋과 그윽함이 절정을 느낄 수 있답니다. 지나가는 길목 언저리마다 만나게 되는 푸른 나무들과 작은 벚꽃들, 초록의 예쁜 다리와 단정히 정리된 소담스런 꽃들까지, 이곳이 과연 역사 이야기를 알기 위해 온 것인지 봄 나들이를 나온 것인지 착각이 들 정도입니다.

아이들에게 겨울의 추운 땅이 봄의 화사한 기운으로 변화되는 자연의 이치를 들려주며 걷다 보면 어느새 암각화박물관까지 도착하게 됩니다. 박물관을 한 바퀴 둘러보며 역사를 알아가고 지나왔던 자연에 대해 경험하고 싶다면 꼭 한 번 추천해 드리고 싶은 여행지입니다. 멀지 않은 곳에 국보 제147호인 천전리 각석이 있는데 공룡 발자국을 직접 밟아 볼 수도 있습니다.

호기심 가득한 자녀들과 함께 방문하여 역사도 익히고, 과거의 체험과 함께 봄 길의 풋풋한 기운까지 모두 느껴보기 바랍니다.

83

공기가 좋은 형형색색의 나무동굴

담양 메타세쿼이아 가로수길

촬영팁 — 촬영이 가장 쉬우면서도 어려운 여행지다. 여름에는 표준렌즈와 단렌즈를 구비하고 사람과 함께 풍경을 담는 것이 좋다. 특히 새벽 시간에 빛이 막 들기 시작할 때 사람이 걸어가는 모습을 함께 담으면 작품 사진을 얻을 수 있는데, M모드로 셔속을 바꾸어 가면서 빛을 조절하면 된다.

주소	문의	홈페이지	주변관광지
전남 담양군 담양읍 학동리 578-4	061-380-3154	tour.damyang.go.kr	가마골 용소 금성산성 죽녹원 관방제림 소쇄원

담양 메타세쿼이아 길
Damyang Metasequoia Road / ダミャン メタセコイアみち / 潭阳 水杉蔺道

담양하면 죽녹원과 메타세쿼이아 가로수길을 가장 먼저 생각
하게 됩니다. '메타세쿼이아'는 측백나무과의 나무로 길 양쪽에 길게 늘어
서 있는 풍경을 보고 있노라면 영화에서나 본 것 같은 멋진 산책길이 눈
앞에 펼쳐지지요. 보는 것만으로도 마음이 힐링되는 것 같으면서도 여유
로움이 느낄 수 있습니다. 이 길을 천천히 걷다 보면 스스로가 멋진 풍경
화의 한 부분이 된 것 같은 흐뭇함에 미소가 절로 지어지는 곳입니다. 담
양의 죽녹원과 메타세쿼이아 가로수길은 전국적으로 많이 알려진 여행지
중의 한 곳입니다. 그 중에서 이번에는 여름과 가을의 메타세콰이어 가로
수길을 여행해 볼까 합니다.

메타세쿼이아 가로수길은 사시사철 각기 다른 모습을 보여주
는 곳으로 언제와도 그 특징이 도드라지는 곳입니다. 여름에 가게 되면 싱
그러운 푸르름이 가득하고 가을에 가게 되면 낭만적인 단풍과 함께 산책

을 할 수 있는 곳입니다.

　　　몇 년 전까지만 해도 이곳을 방문하는 것은 무료였습니다. 그런데 최근에는 성인 기준으로 천 원의 입장료를 받고 있더군요. 아무래도 시설 유지를 위한 목적으로 담양군에서 입장료를 받기 시작한 것 같습니다. 상당히 이국적인 풍경을 선사하는 가로수길을 걷다 보면 초록빛 나무 동굴을 통과하는 듯한 느낌을 줍니다. 메타세쿼이아 가로수길 인근을 차로 달리다 보면 국도변 양쪽에 자리잡은 높은 나무들이 지나가는 이들의 발길을 멈추어 세우고 두 발로 걷게 만드는 묘한 매력이 있습니다. 각종 매체와 영화 '화려한 휴가'에서 이곳이 소개되기도 하여 더욱 유명세를 탔었는데 지금은 그냥 '담양 메타세쿼이아 가로수길'이라고만 해도 모르는 사람이 없을 정도로 전국적으로 많이 알려져 있습니다. 연인과 친구, 가족과 함께 이 길을 걸으면서 느껴지는 낭만과 나무가 선물하는 신선한 공기를 마셔 마음까지 상쾌해지는 기분을 느껴 보길 바랍니다.

84

파란 하늘과 대자연의 신비로움

울산 대왕암공원

촬영팁 — 광각렌즈를 필수로 가져가야 한다. 광각으로 하늘의 푸르름과 대왕암을 담으면 정말 환상적인 사진을 연출할 수 있다.

주소	문의	홈페이지	주변관광지
울산시 동구 일산동 산907	052-209-3754	www.donggu.ulsan.kr	테마수목원 일산해수욕장 주전몽돌해변

소나무와 기암괴석과 파도. 나무와 돌과 물이라는 어울릴 것 같지 않은 이 세 가지의 요소가 모여 신비로움과 경이로움을 자아내는 곳이 있습니다. 보는 것만으로도 아찔한 기암절벽, 고고한 듯 도도한 듯 해풍을 이겨내는 해송, 끊임없이 일렁이며 해안절벽에 부딪히는 파도. 감탄과 찬사로 많은 사람들에게 널리 알려진 이 아름다운 곳은 울산의 대왕암공원입니다.

울산은 공업도시입니다. 특히 방어진이라는 울산 동구는 현대중공업, 현대자동차 공장이 있어서 '현대공화국'으로 불리기도 합니다. 이곳에 대왕암이라는, 역사를 가진 공원이 하나 있는데 옛 선비들이 '해금강'이라고 일컬을 정도로 경치가 뛰어난 곳이며 조선시대에는 목장으로도 활용되었다고 합니다. 그랬던 곳이 2004년, '대왕암공원'으로 명칭을 변경하고 나서 철교 다리가 생겨나게 되었는데, 지금은 울산시민들이 휴식을 취하고 여행을 할 수 있는 관광지로 자리매김 하고 있습니다.

이곳을 맑은 날에 가면 정말 예쁜 하늘과 구름을 담을 수 있습니다. 대부분의 사람들이 울산은 공업도시로 바닷물이 더럽고 해안도 깨끗하지 않다고 생각할 수 있는데 이곳의 바다는 아주 청명하며 푸른 빛깔을 띠고 있답니다. 이곳을 산책하게 되면 15,000여 그루의 해송 사이를 걸을 수 있으며 울기등대를 비롯하여 대왕암, 용굴, 탕건암 등의 기암괴석 등을 감상 할 수 있습니다.

대왕암공원은 해송이 어우러져 있는 산책길로 울기등대까지 들어갈 수 있는데 바닷길을 통해서 산책을 하면 아주 아름다운 풍경을 감상 할 수 있습니다. 길이 조금 울퉁불퉁하여 유모차는 다니기 어렵지만 5살 이상 정도 되는 아이와 함께 걷기에는 괜찮은 길입니다.

해안의 아름다움을 만끽하고자 한다면 이 바닷길을 추천하고 싶습니다. 중간중간 나와있는 이정표를 잘 활용하여 여행에 참고하시기 바랍니다.

85

동해로 떠나는 드라이브 코스

삼척 해안도로

촬영팁 — 운전대를 잡지 않았다면 창문을 열고 빠른 셔속으로 사진을 찍어 보거나, 100m마다 한 번씩 차를 세워서 바다의 시시각각 다른 풍경을 카메라에 담아보자. 광각렌즈보다는 표준렌즈가 적당하다.

주소	문의	홈페이지	주변관광지
강원도 삼척시 정하동 (삼척해수욕장~삼척항)	033-570-3545	tour.samcheok.go.kr	해양레일바이크 대금굴 해신당공원

여행을 다닐 때면 대부분의 사람들은 차장 밖으로 펼쳐진 바다를 보면서 자신도 모르게 "와, 바다다!"라는 탄성을 내지르곤 합니다. 더욱이, 잠시 잠깐 스치는 바다가 아니라 차장 밖으로 드넓은 해안과 바다의 아름다운 풍경이 연이어 펼쳐진다면 그 하나만으로도 즐겁고 유쾌한 여행이 될 것입니다.

동해에 있는 삼척의 해안도로는 과거에 '삼척'하면 넓은 바다와 파도만 떠올랐는데 지금의 삼척은 해안도로가 동해안을 따라 꼬불꼬불하게 이어져 있으면서도 멋진 경치가 어우러져 동해 바다의 전형적인 모습을 보여주기도 합니다.

삼척 해안도로는 4.8km의 해안도로인데 삼척 해수욕장에서 삼척항을 잇는 '새 천년 해안도로'라고도 합니다. 일명 '삼척의 낭만가도'라고도 하지요. 해안가를 달리다가 중간중간에 쉬어 갈 수 있는 작은 공원들이 많이 보이는데 그곳에서 따뜻한 커피 한 잔의 여유를 즐기면 더욱 낭만적인 여행이 될 것입니다.

새해가 되면 첫 희망을 빌어주는 소망의 탑에서 근사한 일출을 볼 수 있는 해맞이 행사가 열리기도 합니다. 잠시 쉬어갈 수 있는 조각공원에서는 바다의 풍경과 함께 아이들이 마음껏 뛰어 놀 수 있는 넓은 공터도 마련되어 있으며 여름에는 야외무대가 설치된 곳에서 다양한 공연이 열리기도 하여 사람들의 발길을 잡는 곳이 되었습니다.

이곳에 있는 소망의 탑은 조금 특별한 사연이 있는데요, 탑을 제작하기 위한 후원자 33,000명의 이름이 각인되어 있고 타원으로 구성되어 있는 탑에는 신혼부부와 청소년, 어린이들의 소망이 적힌 돌로 구성되어 있습니다. 삼척 해안도로에 여행을 온다면 가족과 함께 이 소망의 탑에서 떠오르는 해돋이를 보며 각자가 소망하는 마음을 되새기는 여행도 추천해 드립니다.

길게 뻗어있는 삼척의 해안도로를 달리다 보면 넓게 펼쳐진 아름다운 해안가에게 위로를 받으며 편안한 마음과 여유를 함께 누릴 수 있는 낭만적인 여행을 할 수 있을 것입니다.

86

서해안의 일몰 중 가장 아름다운

영광 백수해안도로

일몰 촬영팁

❶ 노출을 언더로 한다(-0.3~-0.1 정도). ❷ 스팟을 멀티 측광에서 스팟 측광으로 변경한다. ❸ ISO 를 100 또는 그 이하로 한다. ❹ 촬영설정을 M모드로 바꾸고 조리개를 7~11까지 자유롭게 조절한다. ❺ 셔속을 변경해 가면서 일몰을 촬영한다. 찍고 난 후 LCD를 보면서 밝기를 조절한다.

주소	주변관광지
전남 영광군 백수읍 대신리	백제 불교문화 최초 도래지
	모래미 해수욕장

좋은 여행은 마음에 편안함이 깃들게 합니다. 특히나 평소에 보지 못하던 절경이라든지 비경 등의 풍경을 보는 여행은 지친 몸과 마음에 활력을 주는, 그야말로 힐링 여행이 되는 것이지요. 그 중에서도 해안도로를 자동차로 달리며 바다를 한 눈에 내려다 볼 수 있는 곳이 있어 소개할까 합니다. 그 풍경 자체만으로도 기분 좋은 힐링 여행이 되어줄 것입니다.

전남 영광에 가면 백수해안도로라는 곳이 있습니다. 서해안인데 서해 같지 않은 높은 절벽으로 이루어진 해안선을 가지고 있는 곳이지요. 이 길은 '전국에서 아름다운 길 베스트 10'에 들 정도로 길이 참 아름답습니다. 가는 길에 해안가를 만나면서 해안의 뻘 파도가 밀려오기도 하는데, 그 모습은 정말 진귀하고 신비롭습니다. 다른 서해안에서는 느낄 수 없는 뻘 파도를 실제로 보게 되면 서해안의 진풍경은 이런 것이 아닐까 하는 생각이 날 것입니다.

백수해안도로를 따라 차로 이동하다 보면 등대가 하나 보입니다. 이곳에는 작은 커피숍도 있고 뒤로는 온천도 있는데, 이곳이 백수해안도로에서 가장 아름다운 일몰을 감상 할 수 있는 장소 중 하나입니다. 서해안에서 보는 일몰 중 으뜸이 되는 곳에서 파도와 등대, 그리고 석양의 붉은 기운 때문인지 나도 모르게 아름다운 감상에 빠지던 기억이 납니다. 조용하고 편안하면서 아름다운 풍경을 볼 수 있는 가족여행을 원한다면 올 가을에 백수해안도로를 한 번 달려보는 것을 적극 추천합니다.

87

자연이 만든 봉우리와 구름다리

단양 도담삼봉과 석문

촬영팁 — 겨울에 강이 얼기 전에 물안개와 함께 이곳을 담으면 좋다. 물안개가 자욱한 풍경을 담으려면 ND필터를 하나 준비하고 새벽녘에 삼각대를 준비하여 가면 된다. 혼자 이동하기에는 어려움이 있을 수도 있으니 사진 동호회의 출사 같은 곳에 가입하여 함께 동행해도 좋을 것이다.

주소	문의	홈페이지	주변관광지
충북 단양군 매포읍	043-422-1146	tour.dy21.net/tour	구담봉 옥순봉 고수동굴

　단양에 있는 주요 관광지 중에서 도담삼봉, 석문, 구담봉, 옥
순봉, 사인암, 하선암, 중선암, 상선암을 통틀어 단양 8경이라고 합니다. 이
8경의 아름다운 곳 중에서도 사람들 입에 자주 오르내리는 도담삼봉과 석
문이라는 곳을 추천해 드리려고 합니다.

역사책을 보면 도담삼봉에 대해서 잘 나와 있습니다. 조선왕조 개국공신인 정도전이 이곳에 은거했던 기록이 있고 자신의 호도 도담삼봉을 본 떠 '삼봉'이라고 지었다고 전해집니다. 단양 8경 중 으뜸인 곳으로 알려져 많은 사람들이 알고 있는 곳이기도 하죠. 원래 경치가 좋아서 많은 사진작가들이 물안개가 피어 오르는 장면을 담기 위해 밤에 이동하여 새벽에 찍는 곳으로 유명한데 이번에는 이곳을 가족과 함께 가는 겨울 여행지로 소개하고자 합니다.

방문했을때 마침 눈이 내린 도담삼봉의 강은 얼어 있고 눈이 하얗게 덮여서 그 운치를 더해주었습니다. 평소에는 봉우리 근처에도 가지 못하지만 얼음이 꽁꽁 언 강가를 갈 수 있는 시기는 바로 겨울 뿐이지요. 직접 봉우리 근처까지 가서 정자와 바위를 관찰해 보니 봉우리 위에 어떻게 정자를 지었는지 신기하기만 합니다. 옛 선조들은 배를 타고 정자에 올라가 담소를 나누며 편안하게 휴식을 취하지 않았을까 하는 생각이 듭니다.

도담삼봉 왼쪽으로는 석문으로 향하는 길이 있는데 조금만 올라가면 정자가 하나 보이고 그 정자에서 조금 더 산으로 들어가면 돌로 만들어진 석문이 나오게 됩니다. 무지개 모양의 이 돌문은 구름다리 형상을 하고 있는데, 어떻게 하면 이런 모양이 형성될지 이 또한 신기하기만 하지요.

제가 이곳 도담삼봉에 세 번 정도 들렀었는데 두 번째까지는 이 석문이 이곳에 있는지조차도 몰랐습니다. 그래서 이곳에 가게 되면 꼭 같이 보고 가기를 권합니다. 석문에 들어가는 입구에는 1997년부터 노래하는 음악분수도 설치되어 있지만, 겨울에는 잠잠합니다. 옷이 가벼운 계절에는 이곳의 음악분수를 관람 하는 것도 꽤나 재미있는 볼거리가 될 것입니다. 석문 가는 길의 정자에 올라서게 되면 강과 어우러진 봉우리들과 멋진 풍경도 감상 할 수 있으니 가볍게 산행을 한다고 생각하여 산책도 즐기는 여행이 되길 바랍니다.

88

그리운 초록을 만나러 가는 여행

경주 산림환경연구원

촬영팁 — 촬영 포인트로 추천한 외나무다리는 그늘진 곳이라 밝은 조리개를 가진 렌즈를 사용하면 좋다. 단렌즈를 추천하며, 단렌즈가 없다면 그게 힘들다면 노출 결정에 도움이 되는 ISO 감도를 조정해서 촬영해보자.

주소	문의	이용안내	주변관광지
경북 경주시 통일로 367	054-778-3800	09:00~18:00	통일전
	kbfoa.go.kr	동절기 17:00까지	망덕사지
			신문왕릉

　　경주는 아내가 참 좋아하는 여행지입니다. 물론 아이들에게 역사의 숨결을 느끼게 하기에 최적의 장소이기도 하지만, 정서적인 면을 중요하게 여기는 아내에게 둘도 없는 여행지 입니다. 벚꽃이 만개할 즈음의 경주가 유독 아름답다고 하지만, 계절과 무관하게 가족들과 여행을 떠날 수 있는 곳인 경주인 것 같습니다. 이곳에는 우리의 현재와 미래, 그리고 과거의 옛 정서가 공존하고 있습니다.

　　경상북도 산림환경연구원은 계절에 따라 변하는 자연을 아이들에게 마음껏 느끼게 해줄 수 있는 자연학습 교육장으로, 일상에서 벗어나 푸른 숲을 바라보며 휴식을 취할 수 있게 합니다. 사실 예전에는 굳이 이런 산림공원을 찾지 않아도 동네 여기저기에서 초록의 자연을 많이 보며 살았습니다. 우리네 사는 모습이 점차 발전됨에 따라 초록은 점점 줄어

들었지요. 이제는 이런 산림공원에 와야지만 자연을 느낄 수 있는 것이 너무 안타깝다는 생각이 들기도 합니다. 그래서 이런 곳에 오면 아이들에게 코로 깊이 숨을 내쉬는 방법을 알려줍니다. 제가 어릴 적 부모님께서는 안경을 낀 저에게 "멀리 있는 푸른 산을 보렴, 그러면 눈이 좋아진단다."라는 말씀을 해주셨습니다. 그때는 그 말이 무슨 의미인지를 모르고 그저 멀리 있는 산을 바라보았던 기억이 납니다. 시간이 지나도 드넓은 초록의 자연은 우리에게 항상 이롭게만 하는 것 같습니다.

산림환경연구원은 다양한 식물을 볼 수 있는 여러 가지 관람 코스를 갖추고 있습니다. 동물을 보고 먹이를 줄 수 있는 작은 동물원도 있어서 초록과 식물을 좋아하는 아내는 물론, 체험을 좋아하는 아이들 모두가 좋아하는 여행지가 되었습니다.

산림환경연구원에서의 추억을 사진으로 남기고자 한다면 외나무다리 위에서 촬영을 추천합니다. 산림환경연구원의 한 가운데에 있는 도로를 중심으로 동쪽과 서쪽으로 나눌 수 있는데 동쪽은 습지 생태공원과 자연을 만끽하기에 충분한 산책길이 있고, 서쪽은 동물원이 있습니다. 외나무다리는 동쪽 수목원에 흐르는 작은 냇가에 위치해 있습니다. 이곳 외나무다리의 냇가 수심은 깊지 않으나 아이들이 장난치다가 자칫 떨어질 수 있으므로 세심한 주의가 필요합니다.

89

힐링을 찾아 떠나는, 가을의 붉은 산책로

고창 문수사와 단풍나무숲

촬영팁 — 이 곳에서는 맑은 날과 흐린 날의 촬영을 달리 해야 한다. 맑은 날은 조리개가 좋은 렌즈를, 비가 오는 날은 표준렌즈를 준비하면 된다. 굳이 DSLR이 아니더라도 일반 디지털 카메라나 핸드폰으로도 사진이 잘 나오는 장소이다.

주소	문의	홈페이지	주변관광지
전북 고창군 고수면 두평리 산190	063-562-0502	culture.gochang.go.kr	고창읍성 취석정 축령산 편백숲길

가을은 단풍의 계절이지요. 온통 붉게 물든 산과 들은 겨울이 더디 오기를 바라며 화려한 색을 드러냅니다. 그 모습이 하도 아름다워서 가을엔 사진촬영을 자주 떠나게 됩니다. 저와 같이 많은 분들이 가을이 되면 단풍여행을 떠납니다. 요즘엔 많은 여행객들이 해외여행을 자주 가지만, 우리나라에는 대부분의 국민들이 잘 모르는 숨은 여행지가 참 많습니다. 국내여행의 장점을 꼽는다면, 시간과 경비를 상대적으로 절약할 수 있고 역사와 문화적으로 소통이 된다는 점입니다. 그리고 주말 내내 가족과 함께 시간을 보내면서 우리나라 곳곳을 직접 체험하고 느낄 수 있다는 점이지요. 이번에 소개하는 전북 고창의 문수사는 숨어 있는 한국은 아름다운 여행지 중에서도 다섯 손가락 안에 드는 곳입니다. 특히 이곳의 단풍나무숲은 정말 아름답습니다.

이곳은 2005년 9월 9일에 길 자체가 천연기념물로 지정 되었으며 단풍나무 외에도 고로쇠나무, 졸참나무, 개서어나무, 상수리나무, 팽나무, 느티나무 등이 어우러져 우리나라의 대표적인 단풍나무 숲이라 할 수 있습니다.

오래된 나무 뿌리와 가지에서 느껴지는 옛 선조들의 정서는 그곳을 찾은 후대의 저희에게도 삶의 여유를 느끼게 해주는 힘이 있나 봅니다. 고창 문수사만 놓고 본다면 산 중턱에 자리잡은 작은 사찰에 불과합니다. 흔히 동네에서 볼 수 있는 절보다 규모가 작지만 이곳으로 오는 길이 너무나 아름답고 100년에서 400년으로 추정되는 단풍나무 50여 그루가 문수사 입구에서부터 산 중턱까지 자리잡아 있어서 이 길을 따라 고향 길을 산책한다는 느낌으로 여행을 하면 됩니다.

여행을 하는 목적 중의 하나는 힐링일것입니다. 많은 나무들이 선사하는 피톤치드(나무의 방어체계로 인간의 질병을 치유하는 효과가 있음)의 기운을 느끼면서 부부가 손을 잡고 걷기 참 좋은 곳입니다. 또 아토피가 있는 아이들에게도 치유의 숲이 되어주는 곳인데요, 이곳에 일주일만 있어도 아토피가 말끔히 사라지지 않을까 하는 생각이 들 정도입니다. 그만큼 숲에서 뿜어내는 좋은 기운이 많다는 뜻이겠지요. 일상의 바쁜 일과에 찌든 아내에게 이곳의 여유로움은 큰 선물입니다. 자연이 주는 선물을 만끽할 수 있는 이곳으로 부부여행을 가는 것도 추천합니다.

여유는 찾아지는 것이 아니라, 우리가 찾아야만 생기는 시간입니다. 이곳에서 진정한 가을의 풍유와 단풍을 느끼기 바랍니다.

눈꽃나무가 가득한 하얀 세상

무주 덕유산

촬영팁 — 전체적인 풍경을 담기 위하여 광각렌즈를 마운트 하고 노출을 +1 정도 올려서 눈을 찍으면 좋은 사진을 담을 수 있다. 날씨가 매우 추워 렌즈 작동이 잘 안될 수도 있다. 여분의 배터리도 준비하고 카메라와 동일한 메이커의 렌즈를 마운트 하길 권한다.

주소	문의	홈페이지	주변관광지
전북 무주군 설천면 구천동1로 159	063-322-3174	deogyu.knps.or.kr	무주 스키장 무주 구천동 머루와인 동굴

　　한라산에 이어 두 번째로 오를 겨울산 여행지를 소개해 드리겠습니다. 바로 무주 덕유산인데요. 이곳은 정말 멋진 곳이지만 추운 날에는 영하 20도의 추위와 함께 해야하기 때문에 아이들을 데리고 가기에는 무리가 있지 않을까 하는 생각을 할 수 있습니다. 그런데 덕유산에는 어린 아이가 있는 가족단위의 여행객들이 생각보다 많이 있는 것을 볼 수 있습니다. 아마도 그 이유는 곤돌라를 타고 산을 쉽게 올라가서 눈꽃을 볼 수 있기 때문인 듯 합니다. 이렇게 어렵지 않게 설경과 눈꽃나무의 세상을 볼 수가 있는데요, 엄밀하게 말하면 이곳은 무주 리조트의 스키를 타기 위한 코스 중의 하나입니다. 그래서 곤돌라를 타고 올라올 수가 있는 것이지요. 겨울에, 특히 눈이 올 때 덕유산을 찾으면 춥기는 정말 춥습니다. 손에 장갑을 껴도 손이 꽁꽁 얼 정도이지요. 그래서 만반의 준비를 하고 가야 합니다.

그러나 이런 추위를 무색하게 할 풍경이 있으니 바로 눈꽃 설경입니다. 특히 설천봉에 눈이 내리기 시작하면 국내 그 어느 곳보다도 아름다운 눈꽃을 볼 수 있기 때문에 겨울에 눈이 덮인 산과 함께 추억을 남기려면 이곳이 가장 적절한 여행지가 아닐까 합니다. 설천봉에 쌓인 눈의 풍경을 사진에 담으면 만년설로 유명한 외국의 산지를 여행하는 것같은 착각이 들 정도입니다.

그런데 이곳은 아무래도 해발이 높은 산이다 보니 날씨의 변덕이 아주 심합니다. 그래서 홈페이지에 들어가보면 실시간으로 이곳의 기상을 직접 확인할 수가 있습니다. 가족과 함께 아름다운 눈꽃의 세상을 눈과 마음에 담고 새하얀 세상에서 좋은 추억이 될 만한 사진도 남기는 여행이 되기 바랍니다.

chapter
6

우리나라
일출 여행지

정동진 일출

　정동진은 우리나라에서 일출하면 빼놓을 수 없는 여행지입니다. 자리를 잘 잡으면 배 모양의 카페 위로 해가 오르는 것을 볼 수 있습니다. 그래서 더욱 빛이 나는 정동진 일출은 국내에서 가장 가보고 싶은 일출명소 중 1위라 할 수 있을 정도로 많은 사람들이 선호하는 곳 중의 하나입니다. 철길과 소나무가 바닷가와 함께 나란히 펼쳐져 있는 이곳은 드라마 '모래시계' 이후로 새로운 관광명소가 되었는데 가족 여행지로도 소개된 정동진(140 page)을 여행하게 된다면 가족과 함께 꼭 일출을 담아가기 바랍니다.

정동진 일출시간 — 월별로 나와있는 시간은 참고만 하기 바랍니다(2014년 기준).

1월	2월	3월	4월	5월	6월	7월	8월	9월	10월	11월	12월
07:40	07:29	06:57	06:11	05:29	05:04	05:06	05:27	05:54	06:19	06:49	07:20

나아해변 일출

월성 원자력을 사이에 두고 아래쪽으로 나아해변이 있고 위쪽으로는 문무대왕릉이 있는데 개인적으로 등대와 함께 볼 수 있는 나아해변의 일출이 더 좋았던 것으로 기억합니다. 아름다운 일출을 볼 수 있음에도 많은 사람이 찾지 않는 장소라서 여유롭게 일출을 즐길 수 있는 여행지입니다. 일출을 보기 위해 많은 곳을 다녔지만 변덕이 심한 날씨 때문에 떠오르는 태양을 보지 못한 적도 많이 있습니다. 특히 겨울 바닷가는 혹한의 추위와도 싸워야 하기 때문에 방한도구를 넉넉하게 챙겨 가야 합니다.

나아해변 일출시간 — 월별로 나와있는 시간은 참고만 하기 바랍니다(2014년 기준).

1월	2월	3월	4월	5월	6월	7월	8월	9월	10월	11월	12월
07:33	07:24	06:54	06:10	05:32	05:08	05:10	05:30	05:55	06:18	06:45	07:14

간절곶 일출

우리나라에서 일출을 가장 먼저 맞이 할 수 있는 곳으로 유명하기 때문에 매년 1월 1일이 되면 엄청난 인파가 일출을 보기 위해 이곳 간절곶에 모입니다. 그 날은 축제와 같기 때문에 다양한 행사가 펼쳐지기도 하지만, 사람이 너무 많아 도로는 주차장이 되고 마는 곳입니다. 새해 첫 일출을 이곳에서 맞이하기에는 너무 번거로울 듯 합니다. 간절곶은 새해 첫날의 일출보다 시간이 되는 평범한 날의 해맞이를 적극 추천해 드립니다.

간절곶 일출시간 — 월별로 나와있는 시간은 참고만 하기 바랍니다(2014년 기준).

1월	2월	3월	4월	5월	6월	7월	8월	9월	10월	11월	12월
07:32	07:23	06:53	06:10	05:32	05:09	05:11	05:31	05:54	06:17	06:44	07:13

진하 해수욕장 일출

진하 해수욕장은 새벽에 해가 뜰 때면 물안개가 피어 오르기 때문에 아주 운치 있는 일출을 맞이할 수 있는 장소입니다. 그러한 이유 때문에 많은 사람들이 이곳을 선호합니다. 이곳이 제게 특별한 이유는 일출여행을 처음 했던 곳이기 때문입니다. 그래서 더 소중한 일출 여행의 사진으로 남아 있습니다. 일출을 보기 위해 가장 처음 가는 곳은 그 사람에게 간직될 더욱 소중한 여행지로 남을 것입니다.

진하 해수욕장 일출시간 — 월별로 나와있는 시간은 참고만 하기 바랍니다(2014년 기준).

1월	2월	3월	4월	5월	6월	7월	8월	9월	10월	11월	12월
07:32	07:23	06:53	06:10	05:32	05:09	05:11	05:31	05:54	06:17	06:44	07:13

추자도 일출

앞서 여행지로도 소개된 이 추자도(278 page)는 참 신비한 섬입니다. 제주도에 속해 있으면서도 전라도를 더 닮아 있는 이곳에서 보는 일출은 꼭 일몰을 보는 것 같이 장엄하면서도 포근한 느낌이었습니다. 제가 사진으로 남겼던 날의 날씨는 좋지 못했지만, 다시 찾아가 좋은 날씨의 일출을 남겨보고 싶은 곳입니다. 이곳에서는 일출과 일몰을 모두 감상 할 수 있는 곳입니다.

추자도 일출시간 — 월별로 나와있는 시간은 참고만 하기 바랍니다(2014년 기준).

1월	2월	3월	4월	5월	6월	7월	8월	9월	10월	11월	12월
07:38	07:30	07:03	06:22	05:46	05:25	05:27	05:31	06:08	06:28	06:52	07:25

허브동산 일출

제주도는 어느 곳에서든 일출을 담아 낼 수 있겠지만 일반적으로 성산일출봉이 있는 지역의 일출이 가장 유명합니다. 이곳은 재미있는 피사체와 함께 일출을 담을 수 있는 허브동산(048 page)입니다. 수평선에서 솟아오르는 일출은 담을 수 없지만 조금 올라온 일출을 동상과 함께 담을 수 있는 장소입니다.

허브동산 일출시간 — 월별로 나와있는 시간은 참고만 하기 바랍니다(2014년 기준).

1월	2월	3월	4월	5월	6월	7월	8월	9월	10월	11월	12월
07:38	07:30	07:03	06:22	05:46	05:25	05:27	05:46	06:08	06:28	06:52	07:25

광치기 해안 일출

　　제주도 광치기 해안 앞의 일출 포인트는 제가 생각하기에 제주도에서 가장 아름다운 일출 여행지입니다. 세계문화유산인 성산일출봉과 함께 떠오르는 태양을 담을 수 있다는 것이 큰 특징인데요, 제주도에서 아침을 맞이하는 분들은 새벽 잠을 설치더라도 광치기 해안에서 올라오는 일출을 꼭 한 번 볼 것을 권해드립니다. 제주도를 여행하는 분이라면 절대 놓쳐서는 안 될 최상의 일출 여행지입니다.

광치기 해안 일출시간 — 월별로 나와있는 시간은 참고만 하기 바랍니다(2014년 기준).

1월	2월	3월	4월	5월	6월	7월	8월	9월	10월	11월	12월
07:38	07:30	07:03	06:22	05:46	05:25	05:27	05:46	06:08	06:28	06:52	07:25

안면도 일출

일출은 대게 동해안 근처에서 볼 수 있는 것으로 알고 있는데, 서해안에도 일출 명소가 있습니다. 물론 서해안에서 일출을 볼 수 있는 곳이 드문 것은 사실입니다. 그러나 태안 안면도의 안면암은 조금 특별하지요. 섬 동쪽에 위치해 있기 때문에 유일하게 일출을 관찰할 수 있는 곳입니다. 제가 간 날은 아쉽게 활활 타오르는 일출을 보지는 못했지만 서해안에서 맞이하는 일출은 동해안과는 또 다른 매력을 볼 수 있습니다.

안면도 일출시간 — 월별로 나와있는 시간은 참고만 하기 바랍니다(2014년 기준).

1월	2월	3월	4월	5월	6월	7월	8월	9월	10월	11월	12월
07:45	07:35	07:05	06:21	05:41	05:18	05:20	05:40	06:05	06:28	06:56	07:26

대부도 시화방조제 일출

인천 아래쪽에 대부도라는 섬이 있습니다. 시화방조제에 올라 차창밖을 보면 바닷물 위를 달리는 듯한 기분이 들기도 하지요. 서서히 태양이 떠오르기 시작하면 바다 위에 서있는 철탑과 함께 장관을 이룹니다. 국내에서 유일하게 태양과 철탑이 함께 하는 곳이 아닐까 합니다. 4월 초에 날짜를 잘 맞추어 이곳을 찾으면 나란히 늘어선 철탑 사이로 떠오르는 일출을 볼 수도 있고 상대적으로 공기가 맑은 겨울에 찾으면 더욱 선명한 일출을 맞이할 수 있습니다.

대부도 일출시간 — 월별로 나와있는 시간은 참고만 하기 바랍니다(2014년 기준).

1월	2월	3월	4월	5월	6월	7월	8월	9월	10월	11월	12월
07:47	07:37	07:06	06:21	05:41	05:17	05:19	05:39	06:05	06:29	06:57	07:28

토함산 일출

　　해발 745m 높이의 토함산은 일출을 보기 위해 이른 시각부터 걸어서 등산을 하기도 하지만 차를 타고 석굴암 휴게소까지 올라갈 수도 있습니다. 그곳에서 등산로를 따라 1.3km만 더 올라가면 토함산 정상에 오를 수 있습니다. 주차장에서도 일출을 맞이할 수 있지만, 저는 정상으로 올라갔습니다. 토함산 일출의 광경도 좋지만 해가 뜬 이후 주변이 밝아졌을 때 드러나는 주변 산새의 모습도 꽤 볼만했기 때문에 이왕 이곳까지 간다면 산 정상을 밟아보는 것을 권해드립니다.

토함산 일출시간 — 월별로 나와있는 시간은 참고만 하기 바랍니다(2014년 기준).

1월	2월	3월	4월	5월	6월	7월	8월	9월	10월	11월	12월
07:33	07:24	06:54	06:10	05:32	05:08	05:10	05:30	05:55	06:18	06:45	07:14

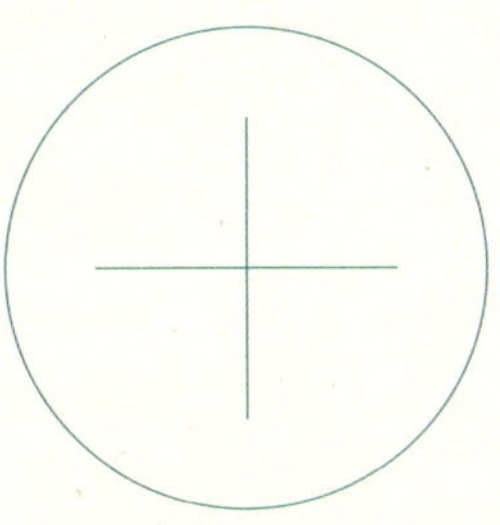

DSLR 카메라와 렌즈의
모든 것

DSLR 카메라

여행과 사진은 서로 뗄래야 뗄 수 없는 관계이기 때문에 가족 여행은 물론 다른 사람과 떠나는 많은 여행에서 카메라를 필수로 가지고 다니게 됩니다. 그렇기 때문에 DSLR 카메라는 이제 각 가정에 한 대씩 있을 정도로 대중화되었지요. 하지만 그렇다고 해서 모든 사람이 DSLR에 대해 잘 아는 것은 아닙니다. 특히 처음 구입했을 때 함께 들어있는 번들 렌즈로만 사진을 찍고 나면 '내 사진은 왜 이렇게 안 나오지?'라는 생각을 하게 됩니다. 저는 언제 어디를 가든지 항상 카메라를 가지고 다녔는데, 그러면서 자연스럽게 많은 카메라를 만져보게 되었습니다. 다양한 회사들이 내놓은 카메라들이 있지만, 그 중에서도 모든 것을 사용해 본 사용자 입장에서 캐논 DSLR의 카메라와 렌즈에 대해 알아보도록 하겠습니다.

완전 전문가가 아닌 이상 이 이상의 카메라는 잘 사용하지 않습니다. 무게도 있고, 5D Mark III의 경우 바디만 300만원에 육박하기 때문에 경제적인 부담도 있죠. 이번 부록에서는 위의 열거된 카메라들에 대해서 알아보고 초보 아빠들이 딱 나의 상황에 맞는 카메라는 무엇인지 알아보도록 하겠습니다.

EOS 1100D

100D가 출시되기 전까지는 캐논에서 가장 작은 DSLR이었으며 가장 기초적이면서 여성들에게 인기 있는 카메라였습니다.

가장 기본적인 기능이 들어가 있기 때문에 초보자도 쉽게 활용할 수 있게 되어 있습니다. DSLR은 렌즈와 결합을 하기 때문에 조금 무거운 편입니다. 그래서 여성 분들은 부피가 작고 가벼운 미러리스(mirror-less) 카메라를 선호하기 때문에 그런 면에서 1100D는 상당히 적합한 카메라입니다. 장르의 구분 없이 작품 사진 같은 섬세한 사진 까지도 찍을 수가 있습니다.

EOS 100D

"세상에서 가장 작은 DSLR" 이라는 수식어가 붙어 있는 100D입니다. 말처럼 굉장히 아담한 사이즈의 카메라이기 때문에 40mm 렌즈를 마운트해도 미러리스 카메라와 비슷한 크기이면서 더 가볍게 느껴집니다.

다소 가격이 비싸지만 휴대하기에 상당히 용이하기 때문에 손이 작은 분들에게 특별히 추천하고 싶은 카메라입니다. 큰 렌즈를 마운트 하면 가분수 같은 느낌이 들기도 하지만 성능이 좋아서 많은 유저들이 즐겨쓰는 카메라입니다.

EOS 700D

'우리 가족의 첫 DSLR'이라는 카피를 사용하여 백 단위의 시리즈는 그동안 꾸준한 사랑을 받아 왔습니다. 적정선의 가격과 성능으로 첫 DLSR을 구매할 때면 대부분 이 시리즈를 구입하게 됩니다. 회전형 LCD가 장착되어 있어 셀프 카메라와 정밀한 촬영에 대응하도록 되어 있으며 크지 않기 때문에 가벼운 외출에도 부담스럽지 않은 보급형 카메라입니다.

EOS 70D

가장 최근에 출시된 크롭 바디의 중급형입니다. 앞으로 DLSR로 취미 생활을 누리면서 여행도 많이 다닐 분들은 700D보다는 70D를 추천합니다. 초점 개수가 19개로 더 섬세하게 촬영할 수 있으며 그립감이 좋고 동영상에도 최적화 되어있어서 다양하게 활용이 가능합니다. 그러나 백 단위의 시리즈에 비해 노출이 다소 어둡게 느껴질 수 있습니다.

EOS 7D

크롭 바디의 최강자로 불리는 7D는 출시된 지 조금 오래 되었지만 아직까지도 가장 빠른 연사 속도를 자랑하고 있습니다. 구형 바디와 신형 바디를 구분하는 것은 노이즈 억제력과 엔진에 달려 있습니다. 풀프레임 바디의 느낌과 빠른 연사를 원하는 분들에게 추천할 기종입니다.

EOS 6D

몇 년 전만 하더라도 풀프레임 바디는 일반인들이 감히 접근 할 수 없는 바디였습니다. 가격이 너무 비싸고 전문가들이 사용할 만한 기기 스펙과 기능들이 많아서 웬만큼 공부하지 않고서는 사진을 찍을 수 없기 때문입니다. 그러나 6D라고 하는 보급형 풀프레임 바디가 출시되면서 그런 공식의 틀은 모두 깨졌습니다. 경제적 여건이 된다면 카메라를 처음 입문하는 분들에게도 유용한 바디입니다.

EOS 5D MarkⅢ

취미로 사진을 찍는 이들이 가장 갖고 싶어하는 카메라입니다. 초점 개수, 엔진 등 나무랄 것이 없는 카메라입니다. 특히 이 바디에 신형 24-70mm F2.8 렌즈를 마운트하면 다른 기종에 비해 더 좋은 사진을 찍을 수 있습니다. 크기는 지금까지 열거된 카메라 중에서 가장 크고 기능도 가장 많습니다. 사진을 찍어보면 약간 비네팅 현상이 생기는 듯 하면서 감성적인 사진을 찍기에 좋습니다. 가격이 좀 비싼 것이 흠이라면 흠이지만 단연 최고의 성능을 가진 카메라입니다.

비네팅 Vignetting | 사진의 모서리나 외곽 부분이 어두워지거나 검게 가려지는 현상

DSLR 렌즈

      DSLR 바디에는 상황에 맞는 렌즈를 착용하는데 어떤 렌즈를 사용하느냐에 따라 화질과 사진의 질이 달라집니다. 특정 순간을 담아내는 사진은 어떻게 하면 더 멋있고 아름답게 담느냐가 중요한 요소이기 때문에 렌즈의 선택은 언제나 중요하면서 어려운 선택입니다.

      바디를 결정했다면 이제는 렌즈를 볼 차례입니다. 렌즈는 크롭 바디 렌즈와 풀프레임 바디 렌즈로 나뉘는데 EF-S 라고 표기되어 있는 렌즈들은 크롭 바디에서만 AF를 자동으로 맞출 수 있으며 EF렌즈는 풀프레임 바디 렌즈로 풀프레임 바디와 크롭 바디 모두 사용할 수 있습니다. 대표적인 DSLR 카메라 렌즈에 대해 살펴봄으로써 자신이 필요로 하는 렌즈가 무엇인지 알아보겠습니다.

단렌즈	크롭 바디렌즈	풀프레임 바디렌즈
28.8mm	18-55mm STM	16-35mm
40mm	17-55mm	24-70mm
50.4mm	18-135mm STM	24-70mm
50.8mm	55-250mm	24-105mm
60mm		70-200mm
85.2mm		

단렌즈 화각이 고정되어 조리개 F의 값이 비교적 낮은 값을 구현할 수 있는 렌즈입니다. 그래서 줌렌즈에 비하여 화질이 좋고 아웃포커싱이 잘 되지만 화각이 고정되어 있다는 단점이 있습니다.

EF-S 렌즈 오직 크롭 바디에만 장착이 가능한 렌즈군으로 디지털전용 렌즈를 말합니다.

EF렌즈 풀프레임 바디에 최적화된 렌즈입니다. 가격이 조금 비싸지만 우수한 화질을 자랑합니다.

처음 DSLR에 입문한 사람들이 가장 많이
사용하는 단렌즈는 50.8mm이고 조금
익숙해졌을 때쯤 시그마 30mm를 많이 선호하는
편입니다. 크롭 바디에서 50mm라 함은 필름
환산각이 75~80mm정도의 망원 렌즈군에
포함되기 때문에 차선으로 선택하는 것이 30mm
정도의 화각 렌즈입니다. 28mm 정도의 화각은
크롭 바디에서는 사람의 눈과 가장 흡사하기
때문에 많이 찾는 렌즈입니다.

USM Ultra Sonic Motors | 초음파 모터

40mm | EF 40mm F2.8 STM

렌즈 중에서 가장 작은 렌즈로 미러리스 카메라에
사용되었을 때 부피를 최소화 할 수 있는
렌즈입니다. 조리개가 F2.8로 그리 밝지는 않아서
정밀한 사진을 찍기 위한 용도에 적합합니다.
단렌즈의 느낌을 100% 만족시키지는 못하지만
작고 가벼우면서 섬세하다는 것이 특징입니다.

STM Stepping Motor | 고성능 저소음 포커싱 기술

50.4mm | EF 50mm F1.4 USM

선예도가 굉장히 좋은 렌즈입니다. 풀프레임
바디에 마운트 했을 때 사람의 눈과 가장 흡사한
화각을 보여주기 때문에 풀프레임 바디의
입문용 렌즈라 불릴 만큼 하나씩은 가지고 있는
렌즈입니다. 가격에 비해 효율이 높긴 하지만
접사가 자유롭지 못하기 때문에 근접 물체에 대한
사진이 힘든 것이 단점입니다.

50.8mm | EF 50mm F1.8 II

DSLR에 늘 붙어 다니는 눈동자 같은
렌즈입니다. 보통 크롭 바디를 처음 살 때
번들 렌즈와 50.8 렌즈를 같이 구매하는 것이
일반적인데 사진을 처음 배울 때 단렌즈가
무엇인지 알려주는 가장 저렴한 가격의
렌즈입니다. 모터 소리가 약간 시끄럽다는 단점이
있습니다.

60mm | EF-S 60mm F2.8 MACRO USM

흔히 접사렌즈라고 말하는 크롭 바디 전용의
60mm 단렌즈입니다. 접사를 찍을 수 있는
것이 특징이고 풀프레임 바디에서는 60mm
보다 조금 더 비싸면서 퀄리티가 뛰어난 100mm
렌즈가 있습니다. 크롭 바디를 사용하는 이들에겐
가뭄에 단비처럼 접사를 경험 할 수 있게
해주는 렌즈이지만 AF가 너무 느리다는 단점이
있습니다.

AF Auto Focus | 자동초첨
MACRO | 접사렌즈 혹은 접사 기능

85.2mm | EF 85mm F1.2L II USM

고가의 제품으로 단렌즈 중에서 최고의 렌즈라고
할 수 있습니다. 웹에 올라온 인물사진 중에
정말 예쁘게 잘 찍힌 사진이 있다면 거의 대부분
85.2mm F1.2L II로 찍은 사진일 것입니다.
그만큼 인물의 섬세한 모습을 잡아내는 표현이
가능하며 성능 또한 월등히 우수합니다.

18-55mm '번들렌즈'는 가장 저렴하면서 기본적인 렌즈이지만 성능만큼은 저렴하지는 않습니다.
번들 렌즈라는 말은 처음에 살 때 카메라에 사은품 같이 껴서 구매한다고 해서 생긴 별칭인데 누구나 거쳐가는 렌즈이지만 이제는 동영상에 특화된 STM까지 적용이 되어 촬영할 때 조용하면서 나름 우수한 화질을 보여줍니다.
가장 기본적이면서 표준 화각을 모두 커버하는 렌즈이지만 조리개가 어두워서 아웃포커싱에 조금 취약한 점이 있습니다.

18-135mm STM | EF-S 18-135mm F3.5-5.6 IS STM

망원영역을 커버하고 동영상에 최적화된 STM을 적용한 크롭 바디 전용 렌즈입니다. 이 렌즈는 여행용 렌즈라는 수식어가 붙어 있습니다. 적당한 선예도와 135mm의 망원 영역을 커버 해 주기 때문에 가볍게 여행을 갈 때 한 가지 렌즈만 챙기기에 이것만한 것이 없습니다.
특별히 흠 잡을 것이 없는 렌즈입니다.

IS Image Stabilizer | 손떨림 보정

17-55mm | EF-S 17-55mm F2.8 IS USM

크롭 바디에 대응하는 렌즈 중 가장 좋은 고가의 렌즈로 축복렌즈라 불립니다. 조리개가 F2.8 고정 조리개라 아웃포커싱에 좋고 17-55mm이기 때문에 광각에서 표준까지 커버를 할 수 있는 장점이 있습니다. 성능 면에서 아주 뛰어난 렌즈이지만 출시된 지 오래되었고 모양이 투박하다는 단점이 있습니다.

55-250mm | EF-S 55-250mm F4-5.6 IS II

헝그리 망원렌즈라고 불리는 이 렌즈는 크롭 바디에서 경제적으로 넉넉하지 않고 적당한 성능을 내는 줌 망원렌즈를 구입할 때 유용합니다. 가격대비 적당한 성능을 보여주기 때문에 망원이 아쉬울 때 하나쯤 구입해도 괜찮은 렌즈입니다. 가격이 저렴하기 때문에 성능이나 선예도가 좋지 않을 것이라는 편견을 많이 가지고 있는데 전혀 그렇지 않습니다. 망원이기 때문에 1m 이상 떨어져서 250mm로 당겨서 찍으면 접사의 느낌이 나기도 합니다.

풍경사진의 최고봉이라 할 수 있습니다. 16mm
라는 광각을 마음껏 뽐내면서 넓은 화각을
구사하는데 활용을 잘 한다면 정말 멋진 풍경들을
담을 수 있습니다. 후드가 약간 투박하다는 것이
아쉬운 점으로 남습니다.

24-70mm | EF 24-70mm F2.8L USM

계륵이라 불리는 캐논의 구형 표준렌즈입니다.
신계륵이 출시되기 전까지는 최고의 렌즈로
자리잡았지만 현재는 무게와 부피 때문에 조금은
찬밥 신세를 받고 있지만, 여전히 퀄리티는 높게
평가 받고 있으며 많은 사람들이 이 렌즈를
소장하고 있습니다.

24-70mm | EF 24-70mm F2.8L II USM

계륵의 신형으로 현존하는 최고의 렌즈라고 생각합니다. 구형에 비해 가볍고 선예도가 더 뛰어납니다. 이 렌즈를 마운트하고 5D MarkIII와 함께 촬영한다면 사진을 더욱 쉽게 찍을 수 있을 것입니다. 특별한 설정을 하지 않아도 좋은 사진을 얻을 수 있는 렌즈입니다.

24-105mm F4 | EF 24-105mm F4L IS USM

24mm 광각에서 105mm 준망원까지 렌즈 하나로 다양한 화각을 구사할 수 있으며 24-70mm의 가격적인 부담 때문에 많이 선택하는 렌즈입니다. 제가 여행할 때 하나만 가지고 갈 때면 주로 챙기는 렌즈입니다. 가격이 비교적 저렴하고 IS성능이 있는 장점이 있고 L렌즈군에서 비교적 떨어지는 성능이지만 가격에 비한다면 좋은 효율을 나타내는 렌즈입니다.

70-200mm | EF 70-200mm F2.8L USM

일명 '엄마백통'이라고 불리는 렌즈입니다. 기능과 사양이 달라지면서 이름도 달라지는데 손떨림 방지 기능이 추가되면서 가격이 더 비싼 '아빠백통'도 있습니다. 선예도와 퀄리티가 좋지만 무겁고 비싸다는 양날의 검을 가지고 있습니다. 촬영을 많이 하다보면 이 정도의 망원렌즈는 하나쯤 소장하게 될 것입니다.

여행지 한눈에 보기

39
79
42 40 91
85
25 54 07
73
27
11
99
77
78
45 31
87 64
69
22
98
50
76
65
90
05
100
46 33 92
52 61
28
88 75
63
21 68
18
44
56
57
04
82 60 29
14
84
55
89
59
53
15 66
03
09 93
94
86
83
43 10
48 41 13
16 51
02
81
62
49
58
01
17
32
23
19
72
24
08
80 95
37 38 74
35 34
30
70 47 97
36
67 20 71 26 12 96

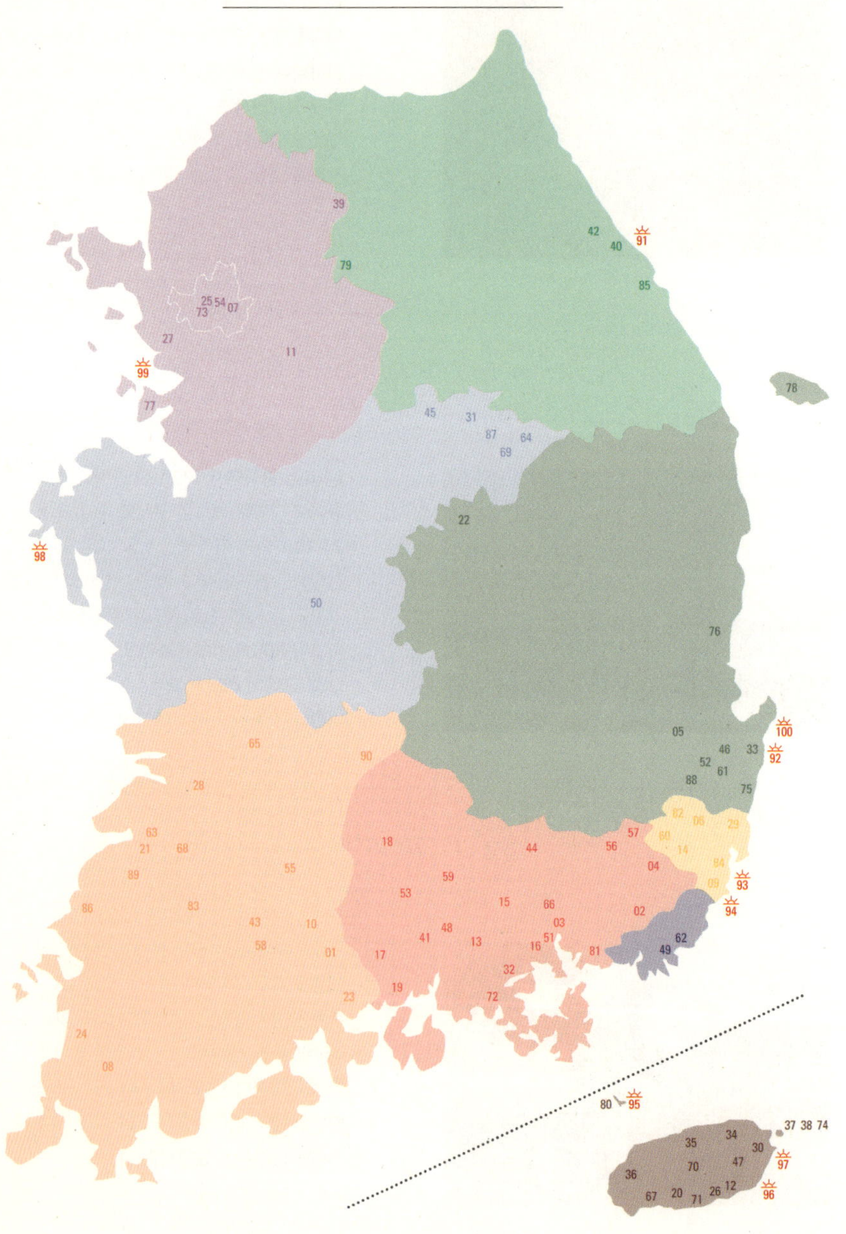

| 국내로 떠나는 가족여행 프로젝트 100 |

패밀리트래블
FAMILY TRAVEL

초판 1쇄 인쇄 2014년 4월 1일
초판 1쇄 발행 2014년 4월 7일

지은이   이동환
펴낸이   이준경
편집이사   홍윤표
편집장   이찬희
편집   이영일
디자인   강혜정
사진   이동환 이상규
마케팅   오정옥
펴낸곳   (주)영진미디어
출판등록   2011년 1월 6일 제406-2011-000003호
주소   경기도 파주시 문발로 242 (주)영진미디어
전화   031-955-4955
팩스   031-955-4959
홈페이지   www.yjbooks.com
이메일   book@yjmedia.net

ISBN 978-89-98656-22-5 13980
값 16,500원

이 도서의 국립중앙도서관 출판시도서목록(CIP)은
서지정보유통지원시스템 홈페이지(http://seoji.nl.go.kr)와
국가자료공동목록시스템(http://www.nl.go.kr/kolisnet)에서
이용하실 수 있습니다. (CIP제어번호 : CIP2014010412)